王岚晓　李宏亮／著

视觉描述生成理论
与方法研究

Research on the Theory
and Method of Visual Captioning

U0339424

电子科技大学出版社
University of Electronic Science and Technology of China Press

·成都·

图书在版编目（CIP）数据

视觉描述生成理论与方法研究／王岚晓，李宏亮著.
成都：成都电子科大出版社，2025. 1. -- ISBN 978 -7
-5770 -1210 -0

Ⅰ. TP302.7

中国国家版本馆 CIP 数据核字第 2024JB9486 号

视觉描述生成理论与方法研究
SHIJUE MIAOSHU SHENGCHENG LILUN YU FANGFA YANJIU
王岚晓　李宏亮　著

出 品 人　田　江
策划统筹　杜　倩
策划编辑　高小红　饶定飞　周武波
责任编辑　周武波
责任设计　李　倩　周武波
责任校对　龙　敏
责任印制　梁　硕

出版发行　电子科技大学出版社
　　　　　成都市一环路东一段 159 号电子信息产业大厦九楼　邮编　610051
主　　页　www. uestcp. com. cn
服务电话　028 -83203399
邮购电话　028 -83201495

印　　刷　成都久之印刷有限公司
成品尺寸　170 mm×240 mm
印　　张　11. 25
字　　数　200 千字
版　　次　2025 年 1 月第 1 版
印　　次　2025 年 1 月第 1 次印刷
书　　号　ISBN 978 -7 -5770 -1210 -0
定　　价　69. 00 元

序

FOREWORD

当前，我们正置身于一个前所未有的变革时代，新一轮科技革命和产业变革深入发展，科技的迅猛发展如同破晓的曙光，照亮了人类前行的道路。科技创新已经成为国际战略博弈的主要战场。习近平总书记深刻指出："加快实现高水平科技自立自强，是推动高质量发展的必由之路。"这一重要论断，不仅为我国科技事业发展指明了方向，也激励着每一位科技工作者勇攀高峰、不断前行。

博士研究生教育是国民教育的最高层次，在人才培养和科学研究中发挥着举足轻重的作用，是国家科技创新体系的重要支撑。博士研究生是学科建设和发展的生力军，他们通过深入研究和探索，不断推动学科理论和技术进步。博士论文则是博士学术水平的重要标志性成果，反映了博士研究生的培养水平，具有显著的创新性和前沿性。

由电子科技大学出版社推出的"博士论丛"图书，汇集多学科精英之作，其中《基于时间反演电磁成像的无源互调源定位方法研究》等 28 篇佳作荣获中国电子学会、中国光学工程学会、中国仪器仪表学会等国家级学会以及电子科技大学的优秀博士论文的殊誉。这些著作理论创新与实践突破并重，微观探秘与宏观解析交织，不仅拓宽了认知边界，也为相关科学技术难题提供了新解。"博士论丛"的出版必将促进优秀学术成果的传播与交流，为创新型人才的培养提供支撑，进一步推动博士教育迈向新高。

青年是国家的未来和民族的希望，青年科技工作者是科技创新的生力军和中坚力量。我也是从一名青年科技工作者成长起来的，希望"博士论丛"的青年学者们再接再厉。我愿此论丛成为青年学者心中之光，照亮科研之路，激励后辈勇攀高峰，为加快建成科技强国贡献力量！

中国工程院院士

2024 年 12 月

前 言

PREFACE

视觉描述生成作为人工智能领域的研究热点，不仅是计算机视觉与自然语言处理两大核心技术的交叉融合，更在智慧城市建设、智能态势感知、高效人机交互等多个方面展现出巨大的理论意义与应用潜力。然而，面对复杂多变的实际应用场景，如何跨越视觉与文本之间的鸿沟，生成准确的文本描述，仍是当前研究面临的一大挑战。本书聚焦于视觉描述生成的理论探索与创新，针对视觉描述生成面临的核心问题，从语义特征编码与解码出发，系统性地展开了一系列研究，致力于在描述的结构完整性、内容准确性、细节丰富度及数据适应性等方面取得突破。

本书围绕六个关键创新点展开深入阐述。首先，从语义特征编码角度出发，针对语言描述多样性带来的生成描述结构完整性差、对象细节易缺失的挑战，本书第二、三章分别提出了基于词性动态编码的视觉描述生成方法和基于多级对象属性编码的视觉描述生成方法，有效提升了生成描述的句子结构完整性和细节表现力。其次，从语义特征解码角度出发，针对视觉场景理解不全面、视觉与文本语义映射精度低的难点，本书第四、五章分别创新性地提出了基于对象群体解码的多视角视觉描述生成方法和基于场景-对象双提示解码的视觉描述生成策略，实现了对视觉场景更为全面和准确的理解与描述。最后，针对实际应用中面临的数据稀缺难题，本书第六、七章分别提出了基于三元组伪标签生成的半监督视觉描述生成方法和基于视觉语义重现与增强的无监督视觉描述生成方法，有效降低了视觉描述生成模型对标注数据的依赖，提升了模型在数据稀缺场景下的任务表现。

本书由电子科技大学王岚晓、李宏亮共同完成，适用于人工智能、信息工程、计算机科学与技术及相关领域的科研人员。作者期待本书能激发更多研究者对这一领域的兴趣与热情，共同推动视觉描述生成技术的持续进步与发展。作者经过反复核对、讨论，希望尽最大努力保障写作质量，但由于水平有限，书中仍难免有不妥与错漏之处，衷心希望广大读者和专家能够在阅读过程中，不吝赐教，提出宝贵意见！作者邮箱：lanxiaowang@ uestc. edu. cn。

作　者

2024 年 9 月 20 日

目录
CONTENTS

第一章

绪　论

1.1　研究背景与意义

　　随着科技的持续革新与互联网技术的迅猛进步,一个由数据驱动的智能时代已全面开启。视觉作为人类生产生活主要的信息载体,在真实世界中呈现出丰富和规模庞大的数据。国际多摩数据报告①显示,截至 2022 年,社交媒体平台 Facebook 上的图片已累积至 3 500 亿张,且以每分钟新增 24 万张图片的速度持续增长。同样,社交媒体平台 Instagram 上每天的照片和视频分享量高达 9 500 万。因此,面对真实世界中海量规模的视觉数据,如何高效且精准地进行视觉场景的理解与分析,已经成为当前智能时代所面临的巨大挑战。视觉描述生成作为视觉场景理解与分析的重要研究课题,旨在深入理解视觉场景中的目标信息和环境信息,并依据人类的语言规则,生成与视觉场景内容相符合的文本描述,即"看图说话",如图 1-1 所示。为视觉信息生成内容准确且易于理解的文本描述,在提升大规模视觉数据的处理效率、优化图像检索的精准度、高效快速智能事态感知以及增强人机交互便捷性等方面,均具有不可估量的研究价值。此外,国务院印发的《新一代人工智能发展规划》等多项文件中明确指出,将真实世界的主动视觉感知和自然交互环境的多模态感知等领域作为重点研究方向,尤

①www. domo. com/learn/data-never-sleeps-9。

其强调要在智能描述与生成技术上取得重大突破,从而为数据智能时代的蓬勃发展提供坚实的技术支撑。

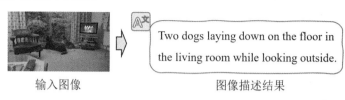

输入图像　　　　　　　　图像描述结果

图 1-1　视觉描述生成问题示意图

(资料来源:图像数据来自 MS COCO 数据集[1])

现有的视觉描述生成方法可分为基于传统图像处理的视觉描述生成方法和基于深度学习的视觉描述生成方法。

基于传统图像处理的视觉描述生成方法主要包括两类:基于匹配微调策略的描述生成方法和基于模板关键词填充的描述生成方法。基于匹配微调策略的描述生成方法需要构建庞大的图文描述库。首先,通过匹配的方式筛选出与指定图像相近的图像。然后,基于该相近图像所对应的描述进行微调,微调之后的文本作为最终生成的描述。基于模板关键词填充的描述生成方法则通过提取图像中关键对象,将其作为关键词填充到预设的句子模板中作为最终生成的描述。然而,由于上述图文描述库以及句子模板是有限的,并且忽略了图像中的高层语义信息,如对象上下文信息、视觉环境信息等,因此,上述方法所生成的描述通常具有结构单一、内容固化的特点,无法充分描述图像中丰富的视觉信息内容。

近年来,基于深度学习的视觉描述生成方法取得了一系列发展。这类方法基于大规模成对的视觉文本数据,将视觉描述生成任务视为图像翻译任务,采用编码-解码的模型结构进行相关方法设计。这类方法首先采用卷积神经网络(convolutional neural network,CNN)进行语义特征编码,然后利用循环神经网络(recurrent neural network,RNN)进行单词时序性解码预测,从而生成与指定视觉内容相匹配的文本描述。CNN 通过逐层卷积和池化操作,能够从原始图像中提取出丰富且深层的视觉特征。这些特征不仅包含了图像的基本元素,如边缘、纹理等,还能够捕捉到更高级别的语义信息,如对象上下文信息、视觉环境信息等,为后续的描述生成提供了有力的视觉信息支撑。RNN 以其独特的结构,能够处理序列数据并捕捉时序依赖关系,生成连贯的句子。因此,基于深度学习的视觉描述生成方法能够生成更加符合人类的描述规则并且与视觉内容相对应的描述,极大地满足了目前数据驱动智能时代背景下的视觉场景理解与分析需求。然而,在实际应用场景中,通常面临着视觉场景对象密集、种类繁多等复杂情况,同时,语言描述的结构多样且复杂,视觉与文本模态间存在显著的差异。这使得充分理解视觉场景中的所有目标信息和环境信息,并按照人类语言规则生成内容准确、全面的描述变得极具挑战性。因此,如何针对上述难点与挑战,构建高效且准确的视觉描述生成方法,已成为当前迫切需要解决的问题。

本书所开展的视觉描述生成理论与方法研究具有重要的理论意义及广泛的应用价值。其理论意义在于,从语义特征编码角度出发,开展了基于词性动态编码和多级对象属性编码的视觉描述生成理论与方法研究,显著提升了从视觉场景中提取的语义信息的判别性,为后续生成与视觉相匹配的描述提供了强大的语义信息支撑。同时,从语义特征解码角度出发,开展了细粒度对象群体解码的多视角视觉描述生成和基于场景-对象双提示解码的视觉描述生成理论与方法研究,缩小了视觉文本之间的语义差异,显著提高了描述内容的准确性和充分性,使其能够更全面地理解并描述复杂密集场景。其理论研究成果能够极大地提升大规模视觉数据的分析速度,实现高效精准的智能事态感知,更加符合人类对于智能时代人机交互的需求,可广泛应用于智慧城市、公共安全、智能医疗、智能制造等诸多领域。最后,针对数据稀缺场景下视觉语言数据收集困难、标注耗时的问题,本书进一步针对半监督和无监督的视觉描述生成方法开展相关研究,提出了基于三元组伪标签生成的半监督视觉描述生成方法和基于视觉语义重现与增强的无监督视觉描述生成方法。这些方法有效地缓解了深度学习方法对大规模数据的依赖,显著提升了描述生成网络在实际应用中的泛化性和适应性。

1.2 研究现状与面临的挑战

1.2.1 研究现状

视觉描述生成任务是面向真实世界主动感知和自然交互的关键步骤,使得机器能够自动生成与视觉内容相匹配的文本描述,从而实现对视觉信息的准确理解和有效传达。这对推动信息智能化发展、提升人们的生活质量具有重要意义。

视觉描述生成任务发展初期,相关方法主要基于非深度学习方法,如传统的图像处理、机器学习算法,实现描述生成。一些方法将图像描述生成过程转换为检索相似图像过程[2-5],通过构建庞大的图像描述数据库,检索与输入图像最匹配的图像数据,进一步以该图像对应的描述作为初始结果,进行微调修改,得到最终的描述。2011年,Ordonez等人[4]构建了百万级成对的图像文本数据库,基于全局图像视觉表征实现相似图像的检索,并进一步生成对应的描述。随后,Gong等人[5]通过构建公共的视觉文本描述语义空间,学习视觉和文本之间的相似性,从而在该空间中检索到与给定图像最相近的描述。此外,还有一些方法[3,6-8]通过构建句子模板进行关键词填充来实现描述生成,即首先通过检测器提取图像中的关键对象及相互关系,进一步将其填充到句子模板中的对应位置,从而得到最终的描述。Farhadi等人[3]通过挖掘图像中存在的"对象-动作-场景"三元组关系,将其填充到描述模板中;Li等人[8]利用 n-grams 语言模型,将图像中的核心对象、属性、关系等短语进行拼接组合,从而形成完整的句子作为描述;Kulkarni等人[7]创造性地使用条件随机场对描述生成过程进行优化。上述的传统视觉描述生成方法受限于底层的视觉特征提取、固定的句子模板以及单一的数据库,因此生成的描述结构单一,无法充分描述图像中丰富的视觉内容。

此后,研究人员基于深度学习展开视觉描述生成任务相关研究,按照模型学习过程的不同,视觉描述生成方法可以划分为三类:有监督视觉描述生成方法、半监督视觉描述生成方法以及无监督视觉描述生成方法。

1. 有监督视觉描述生成方法

现有的绝大多数视觉描述生成方法均属于有监督视觉描述生成方法。该方法通过利用大规模有描述标注的图文数据,学习视觉与文本之间的映射关系,从而生成与输入的图像或视频相对应的文本描述。该方法主要分为两类:有监督图像描述生成方法和有监督视频描述生成方法。

(1)有监督图像描述生成方法。深度学习初期,Vinyals等人[9]将该任务视为机器翻译任务,采用编解码的架构将视觉内容翻译为文本内容,利用卷积神经网络针对视觉内容进行语义特征编码,然后利用循环神经网络进行时序性解码预测,生成与视觉内容相匹配的文本描述。此后,视觉描述生成方法通常遵循编码器-解码器结构。研究人员意识到网络应该关注更重要的信息,而并不是平等地关注全部信息,因此开始针对模型中的注意力机制结构展开相关研究。Xu 等人[10]首次将注意力机制引入视觉描述生成模型中,提出了两种注意力机制:硬注意力和软注意力。由于硬注意力机制梯度无法反向传播,导致实用性较差,因此之后的研究[11-13]通常基于软注意力机制展开。SCA-CNN[14]从空间和通道两个角度出发设计了注意力模块,以综合编码视觉语义特征。Lu 等人[15]设计了一个"视觉哨兵",在预测视觉和非视觉单词时,自适应地关注相关的视觉内容和语言先验信息。还有一些方法[16-20]利用显著性谱来引导注意力模块增强语义特征的表征能力。

经典目标检测方法 Faster R-CNN[21]的出现为视觉描述生成任务提供了新的思路。2018 年,Anderson 等人[22]使用在 Visual Genome 数据集[23]预训练的Faster R-CNN 目标检测器提取区域视觉特征,并结合自底向上的注意力结构,在图像描述生成任务和视觉问答任务中实现了显著的提升。此后,出现了越来越多的基于区域视觉特征的视觉描述生成方法[24-33],区域特征也逐渐成为视觉描述生成领域通用的标准特征。尽管基于检测的区域特征在视觉描述生成上表现出了强大的语义表征优势,但仍有一些方法试图在基于 CNN 的网格特征方面取得突破。这些方法[34,35]认为,基于检测的区域特征无法覆盖整张图像,而基于CNN 提取的网格特征能够实现对图像信息的全面提取。2019 年,HAN[34]利用多层关系对齐的注意力模块,将文本特征、网格特征和区域特征等更多类型的特征结合起来,挖掘不同特征的内在联系。Luo 等人[35]从网格特征中学习全局视觉表征,从区域特征中学习关键对象表征,引入绝对和相对位置编码以及跨模态注意力模块,捕捉对象的内在属性以及全局视觉信息与对象信息之间的关系,实现网格特征和区域特征的优势互补,得到更多细粒度的视觉表征用于描述生成。

近年来,transformer 结构在计算机视觉领域表现出强大的能力[36-38],许多方法[35,39-46]开始使用 transformer 进行特征编码和解码。这些方法通过在模型中堆叠多个 transformer 来提取高级视觉特征并预测文本描述,显著提高了生成描述的质量。2021 年,GET[40]基于 transformer 结构针对层内和层间的视觉信息进行特征增强。PureT[41]直接舍弃繁杂的离线区域特征提取模式,使用 transformer 结构直接对图像进行特征编码,提升特征语义编解码能力的同时简化了特征提取过程。Zhang 等人[42]充分利用网格特征具有大量空间位置和空间关系信息的优势，将 transformer 网格化的编码结构与基于 BERT 的语言模型相结合，提升了网络生成描述的准确性。Li 等人[44]创造性地提出了 COS-Net，引入预训练的跨模态检索模型 CLIP 来获得提示词，作为语义提示线索引导 transformer 进行描述预测。2022 年，Xian 等人[47]设计了动态 transformer 编码器来实现视觉语义编码过程中最优路径的自适应选择。

此外，还有一些研究者[48-53]致力于探索图像中的对象关系，通过构建图结构实现更加充分的视觉理解。Yao 等人[54]利用图卷积网络针对视觉场景中的对象空间信息和对象语义信息进行编码，利用预训练的分类器来编码语义关系信息，通过分析对象几何特性，包括交并比（intersection over union，IoU）、距离和角度，提取空间关系信息，辅助描述预测。在此基础上，Yao 等人[49]进一步通过将图像内容解析为不同区域级别和实例级别的树结构来增强网络的视觉解析能力。其中，根节点是整个图像，利用 Faster R-CNN[21]和 Mask R-CNN[55]获取区域级和实例级节点，遵循从粗略到精细的学习范式，进一步细化图解析结构，实现细粒度的场景理解。Yang 等人[50]利用场景图进行视觉编码，从句子结构出发构建语言解析依赖树，并基于对象、属性和关系构建场景图。SG2Caps[56]则通过拉近视觉场景图和文本场景图之间的距离，实现视觉到文本的跨模态对齐与映射，从而提升生成描述的质量。

（2）有监督视频描述生成方法。与上述有监督图像描述生成任务不同，有监督视频描述生成任务旨在根据给定的视频生成描述，需要额外关注时间信息，因此更具挑战性。现有的视频描述生成方法首先提取视频中的帧；然后对序列化的视频帧进行特征提取，以获得 2D 图像特征、3D 光流特征和检测区域特征；最后，类似于图像描述生成方法，同样采用编码器-解码器的结构，基于上述多种视觉特征进行描述生成。

视频描述生成任务经历了两个发展阶段。早期，研究人员[57-60]设计固定结构的句子模板，通过填充单词的形式来生成描述。Barbu 等人[57]在 2012 年提出了第一个基于"who，what，where，how"思想的视频描述生成系统：谁对谁做了什么，在哪里以及如何做。这是基于固定句子模板的开创性尝试，但受到固定句子模板结构的限制，生成的句子非常单一且不灵活。

近年来，研究人员[61-67]基于深度学习方法将有监督视频描述生成任务视为机器翻译任务，在编码器-解码器结构中使用注意力机制、场景图、词性解析等思想实现描述生成。Yao 等人[68]和 Xu 等人[69]针对视频时序性的特点，利用时间注意力模块融合不同帧中的不同视觉信息。一些方法[70,71]独立地为每一帧图像设计空间注意力机制来增强帧中的重要区域。还有一些方法[72-75]综合考虑了时间和空间的信息，不仅关注了时间上不同帧之间的重要性，还关注了帧内不同区域之间的重要性。MGSA[71]提出了一种光流图引导的空间注意力机制，该机制使用光流图来表征行为信息，能够更好地捕捉视频中对象的变化。MARN[76]设计了一种独特的记忆结构来学习相同单词在不同视频中的上下文语义信息，从而更全面和深入地理解单词与视觉之间的映射关系，提高生成描述的质量。SHAN[66]构建了一个层次化的分级语义注意力模块和一个句法注意力模块，以自适应地整合不同层级的视觉特征。

为了生成更生动、更详细的描述，除了探寻更加精准的视觉特征编码之外，研究人员[63,64,77-79]通过构建一个全面的图结构来探索视频中不同对象之间的关系信息。OA-BTG[63]建立了一个基于双向时间顺序的图网络，以捕捉每个显著对象的时间运动轨迹，然后提出了一个对象感知聚合模块来学习具有不同对象判别性的视觉表征。在此基础上，ORG-TRL[77]构建了一个对象关系图，通过增强对象与对象之间的交互信息来提升视觉表征能力，并进一步利用外部语言模型来扩展语言知识，生成更高质量的描述。Pan 等人[64]利用知识蒸馏的思想构建了一个具有可解释关系的时空场景图，以获得更高质量的全局场景信息。D-LSG[78]创造性地提出了一种条件图，将时空信息添加到视觉表示中，并动态地获得具有更高表征能力的视觉语义特征。类似地，Hua 等人[79]设计了一个基于对象检测器和场景分割器的对象-场景图模型，该模型通过探索视觉表示中的语义关系以捕捉更全面的视觉信息。

除了探究如何提取丰富的视觉语义信息外，句子结构信息对于生成符合人类语言规则的描述也十分重要。因此，许多研究者[66,80-86]针对词性与视觉表征之间的关系进行了深入的研究。Wang 等人[81]构建了一种新的门控融合网络和词性序列生成器来控制生成描述的语法结构。Hou 等人[82]使用可学习的词性标签以多任务学习的方式缓解单词不平衡引起的语言偏见问题。SAAT[83]更多地关注视频帧的变化，学习对象的动态变化信息。RMN[84]使用三个专门设计的时空推理模块来预测词性类别，从而实现更多样的视觉特征推理融合。

SHAN[66]使用多层视觉注意力和语法注意力来获得语义信息和语法线索，以更好地学习视觉和文本之间的上下文特征。

然而，上述图像、视频描述生成方法大多基于注意力机制和场景图等独立的特征编码结构，以及固定的多种视觉特征融合方式，容易导致语义信息缺失。并且，在解码阶段未在视觉和文本之间建立明确的联系；特别是，当面对复杂密集、目标多样的实际场景时，难以实现精准的语义特征编码和跨模态语义解码。此外，现有方法大多关注视觉信息中的显著性目标，存在语义信息解码不充分、描述信息缺失的问题。因此，如何构建强大的语义特征编码器以增强语义特征的表征能力，并设计细粒度的语义解码器以建立视觉和文本之间明确的细粒度映射关系，仍然是视觉描述生成任务面临的一项难题。

2. 半监督视觉描述生成方法

上述有监督视觉描述生成方法主要利用大规模有标注数据学习视觉与文本之间的映射关系，针对视觉内容生成相应的文本描述。然而，在实际应用场景中，当所需的文本目标域发生变化时，通常需要进行新的描述标注。为了生成更多样、更有语言特色的描述以满足实际应用场景需求，一些研究人员开始探索图像风格化描述生成任务[87-91]，旨在根据给定的图像和目标域风格要求，生成符合该风格的语言描述。此需求下，SentiCap 数据集[92]和 FlickrStyle 数据集[93]应运而生。然而，由于目标域风格化数据标注规模较小，模型在目标域数据上的学习不充分，因此针对目标域生成的风格化描述效果不佳。若针对当前所需目标域风格进行大规模人工标注，重新进行网络训练，则会花费大量的人力和时间。因此，如何降低描述生成模型对目标域数据的严重依赖，成为视觉描述生成任务在实际推广应用中亟待解决的重要问题。越来越多的研究人员开始探索半监督视觉风格化描述生成方法，旨在利用已有的少量目标域风格化标注数据，结合已有的大规模源域事实标注数据，进行模型训练。该方法主要分为两类：基于目标域成对数据的半监督方法和基于目标域非成对数据的半监督方法。

（1）基于目标域成对数据的半监督方法。2017 年，Gan 等人[93]提出了StyleNet，通过参数共享的策略，在已有大规模源域图文数据上学习模型的描述生成能力，然后在成对的目标域风格化数据上进行微调。2018 年，Chen 等人[87]设计了一种新的 SF-LSTM 解码结构，它包含了两组具有动态注意力权重的参数，并且可以自适应地调整源域事实标注数据和目标域风格化标注数据之间的相对注意力权重，从而实现对大规模源域数据的利用。同年，Nezami 等人[94]通过挖掘源域事实描述和目标域风格化描述之间的互补信息，更好地实现了对目标域风格化描述的预测。随着生成对抗网络[95]（generative adversarial network,GAN）的不断发展，ATTEND-GAN[88]基于对抗学习的思想，利用多种风格信息训练一个带有自注意力机制的描述生成器和风格判别器，提升网络对于风格化描述的生成能力。2021 年，Li 等人[96]设计了一个提取—检索—生成框架，从大规模图像事实数据出发，间接利用风格化短语和检索策略实现事实描述的风格转移，从而实现风格化描述数据的扩充。这一方法有效地缓解了目标域风格化数据标注稀缺的问题，但依赖于检索结果的准确性，并且无法直接为图像生成风格化的描述。

（2）基于目标域非成对数据的半监督方法。一些研究人员[89,90,97-101]希望利用大规模图像事实源域数据和目标域风格相关的文本语料库实现风格化描述生成。2018 年，Mathews 等人[100]提出了 SemStyle，它可以从图像事实数据和大量风格化文本语料库中分离语义信息和风格信息，通过替换风格信息来生成具有指定风格的描述。随后，Chen 等人[89]设计了一种新的域正则化网络，通过共享源域网络和目标域网络之间的部分参数，实现从源域事实数据到目标域风格数据的知识迁移。同年，MSCap[97]基于对抗学习的思想，设计了风格描述生成器和描述判别器，并进一步引入了风格分类器来增强生成描述风格的典型性。2020 年，MemCap[90]引入了记忆机制，对风格化的语言知识进行显式编码与记忆，并设计了句子解耦算法来获得语言中的风格相关的信息和内容相关的信息。在测试阶段，可以提取记忆模块中的风格化知识，结合内容相关的信息生成指定风格的文本描述。2022 年，ADS-Cap[101]利用一个条件变分自编码器，通过对比学习策略构建特征记忆空间，自适应地存储多种风格化信息，在内容准确性和风格多样性方面都取得了卓越的表现。同年，Tan 等人[99]从大规模风格化文本语料库中分离风格化信息，并基于图像事实源域数据学习图像内容特征空间，通过将风格化信息引入共享的图像内容特征空间中实现风格化描述生成。

尽管上述半监督方法有效地提升了模型对现有大规模图像事实数据的利用，降低了模型对目标域标注数据的依赖，但并未从根本上构建目标域少量标注数据与已有大规模图像事实源域数据之间的关系。因此，如何进一步挖掘大规模图像事实源域数据中的视觉文本语义关系，使得模型能够在有限的目标域风格化标注数据下，学习到目标域视觉和文本语义表征与映射关系仍然值得进一步研究。

3. 无监督视觉描述生成方法

无监督视觉描述生成方法则完全无须成对的图文标注数据。该方法通过独立地学习图像集或文本集，来挖掘视觉和文本数据之间的联系，极大地降低了人工数据标注成本。根据模型结构与数据划分方式，无监督视觉描述生成方法可以分为两大类：基于非成对图文数据的无监督方法、基于单一文本数据的无监督方法。

（1）基于非成对图文数据的无监督方法。这类方法[102-105]利用大量的图像集和文本集进行模型训练，但图像和文本之间的映射关系未知，关键在于如何有效地从非成对数据中提取有用的信息，实现视觉到文本的跨模态匹配和生成。2018 年，Gu 等人[102]基于一些成对的语言翻译数据集，将翻译数据集中的语言作为中间枢轴，搭建输入图像和目标语言描述之间的桥梁，从而更好地理解并描述图像中的内容。2019 年，Feng 等人[106]首次尝试基于对抗学习策略，在没有任何成对图文数据的情况下实现无监督图像描述生成。同年，Laina 等人[107]通过构建共享的多模态特征嵌入空间，实现图像和文本之间的转换。此后的一些研究[104,105,108-110]侧重于利用场景图结构来获得目标关系和属性信息，以实现图像和文本之间的对齐，提高无监督图像描述生成的性能。2020 年，Guo 等人[111]提出了递归关系记忆方法，通过引入一个从概念到句子的记忆翻译器，利用概念语义信息生成文本描述。与上述方法不同，Ben 等人[112]提出了一种新的语义约束学习策略，通过生成伪标签将无监督任务转化为有监督任务，重新训练描述生成模型。Zhou 等人[113]提出了一种新的三元组序列生成对抗模型，通过挖掘句子单词与图像区域之间的相关性实现描述生成。Meng 等人[114]使用来自不同图像的对象区域组来构建成对的图文数据进行网络训练，以有监督训练的方式实现无监督的图像描述。2023 年，Zhu 等人[115]充分利用图像级标签，以弱监督的方式提取对象信息，并使用图神经网络推断对象之间的关系，实现描述生成。Zhu 等人[116]进一步利用 CLIP 提示结构来辅助描述生成，并选择高质量的伪图像描述进一步细化生成器，有效地提高了生成描述的质量。

（2）基于单一文本数据的无监督方法。这类方法[117-119]在训练阶段没有任何图像数据，主要依赖大规模的文本数据集来实现视觉描述生成。近年来，视觉语言预训练大模型的蓬勃发展为实现基于单一文本数据的无监督视觉描述生成方法提供了更多的可能。预训练的视觉语言模型具有丰富的视觉和文本先验知识，在视觉和文本特征提取方面表现出了强大的泛化能力和表征能力。因此，一些研究人员开始利用预训练的视觉语言模型，研究基于单一文本数据的无监督视觉描述生成方法。2022 年，Nukrai 等人[117]试图在训练阶段引入随机噪声来缩小 CLIP 提取的视觉特征和文本特征之间的差距，从而缓解训练和推理之间存在的模态特征差异。2023 年，Li 等人[120]提出了 DeCap 描述生成模型，旨在将 CLIP 视觉特征投影到 CLIP 文本特征空间以缩小视觉和文本之间的模态差异，实现推理阶段的图像与文本之间的特征对齐。Wang 等人[118]设计了 K-nearest-neighbor 跨模态映射方法，致力于在推理阶段将视觉模态更好地映射到文本模态，极大地提升了无监督下视觉描述生成的质量。与上述方法不同，Ma 等人[119]提出了多级上下文数据生成方法，利用扩散模型和大语言模型为文本集生成伪图像数据，将无监督训练转化为基于成对图文数据的有监督训练。

尽管上述无监督方法在缓解视觉描述生成方法对大规模数据依赖的问题上取得了一定的研究进展，但如何缩小视觉和文本模态之间的差距，真正实现训练阶段与推理阶段的语义一致性对齐仍未被探索。因此，无监督视觉描述生成领域在未来仍然存在巨大的研究空间。

1.2.2 面临的挑战

1. 视觉描述生成语义特征编码问题

语义特征编码是视觉描述生成模型的重要基础部分，编码语义特征的表征能力直接影响着后续语义特征解码的效果，以及解码所生成文本描述的质量。面对视觉场景多样复杂的对象和背景，一些方法通过利用多种特征提取器获得多种视觉特征，如 2D 图像特征、3D 光流特征、检测区域特征等，通过特征级联的方式直接进行融合，以提升编码语义特征的表征能力。然而，这些方法仅采用了固定的特征融合方式，未能充分考虑视觉信息与语言结构的内在关联，同时忽略了对象不同属性信息的语义多样性和特殊性。这些方法往往只能捕捉到视觉的宏观信息，导致生成的描述出现错误、缺乏细节、句子结构不完整等问题。因此，如何构建强大的语义特征编码器，增强编码语义特征的判别性，捕获具有不同语义特点的视觉信息，是视觉描述生成亟待解决的首要问题。

2. 视觉描述生成语义特征解码问题

语义特征解码是视觉描述生成模型的核心部分，决定着网络能否准确地解码视觉语义特征并进行单词预测，生成内容准确、全面的文本描述。现有的视觉描述生成网络通常利用多模态注意力机制，将视觉信息与当前时刻文本信息进行融合，利用循环神经网络实现单词预测。然而，这些方法忽略了视觉文本之间的模态差异，并未在二者之间建立明确的联系，面对复杂密集、目标多样的实际场景无法实现精准的视觉-文本映射。此外，单一地利用多模态注意力机制进行解码，容易使得模型仅关注图像中的显著性目标，从而导致视觉语义信息解码不充分、生成描述无法全面覆盖整张图像所有信息，造成信息缺失、描述不充分的问题。因此，如何设计细粒度的语义解码器，并在视觉和文本之间建立明确的联系，实现准确、充分的语义特征解码是视觉描述生成面临的关键问题。

3. 视觉描述生成大规模数据依赖问题

视觉描述生成任务是经典的视觉场景理解与多模态解析任务，由于视觉模态和文本模态之间存在巨大的模态差异，因此网络的训练过程通常依赖于大规模成对的图文数据。当实际应用需求或数据域发生改变时，往往难以快速获得所需的大量数据并进行高质量标注，这极大地限制了视觉描述生成模型在实际生产生活中的应用。现有的方法往往采用微调（finetune）的思想进行训练或者利用匹配策略进行伪标签生成，并未从根本上解决数据稀缺导致的模型学习不充分、视觉-文本之间语义映射困难的问题。因此，如何降低模型对大规模成对数据的依赖，研究不同实际应用情况下的半监督和无监督视觉描述生成方法具有重要的现实意义和实际应用价值。

第二章

基于词性动态编码的视觉描述生成研究

2.1 引言

　　视觉描述生成的目的是为输入的视觉内容（如图像、视频等）生成具有完整语法结构且与视觉内容相匹配的文本描述。其核心思想是通过编码器提取视觉中的语义特征，包括对象、关系、上下文等信息，进一步利用解码器将视觉语义特征映射到文本语义特征空间中，实现时序性的单词概率预测，从而生成符合视觉内容的文本描述。针对上述核心思想，本书将从语义特征编码、语义特征解码角度出发，展开视觉描述生成相关研究。其中，视觉语义特征编码是视觉描述生成中最基础的部分，能够为后续解码器进行视觉到文本的语义映射提供具有强判别性的视觉编码特征。然而，现有的视觉描述生成方法通常利用多个预训练特征提取器提取多种类型的视觉特征，直接通过特征级联的方式将多种类型的视觉特征进行融合，从而得到与输入视觉信息相对应的编码特征。上述编码得到的视觉特征仅能提供视觉整体信息，并未针对不同类别的单词和句子结构中的不同成分进行针对性的特征编码，导致生成的描述在单词预测准确性和句子结构完整性上表现不佳。为此，本章首先研究如何针对单词和句子结构的多样性，编码具有不同词性语义特点的视觉特征，生成内容正确、结构完整的文本描述。

如图 2-1（a）所示，研究者们尝试利用更加多样的视觉特征，包括 2D 图像特征[68,72,76,121-125]、3D 光流特征[68,72,76,125]、检测区域特征[72,124]等，以增强语义特征的丰富性。ETS[68]等一些早期基于深度学习的方法只是简单地将不同的视觉特征级联在一起，实现对输入视频的语义信息扩充，旨在为解码阶段提供更加丰富的视觉信息。另一些方法[70-74]则试图通过增加时空注意力编码机制实现多种视觉特征的融合。然而，简单的特征级联或者注意力融合方法并未考虑到不同视觉特征的重要性，忽略了句子成分与视觉特征类型之间的关联，如主语单词与 2D 图像特征和检测区域特征之间的关系、谓语动词与 3D 光流特征之间的关系等。如图 2-1（c）所示，为了生成"man"和"machine"等主语对象，编码后的视觉特征应包含具备静态对象信息的 2D 图像特征和检测区域特征。当预测"talking"等行为动词时，模型希望编码后的视觉特征包含具备时序动作信息的 3D 光流特征。此外，一些描述中的细节，如"white shirt"不仅与 2D 图像特征和检测区域特征有关，还受到前一时刻生成的主语对象"man"的影响。因此，在进行单词预测时，不仅需要提取具有相对应词性特点的视觉语义特征，还要同时考虑已预测单词的影响。

为了解决上述问题，本章提出了一种基于词性动态编码的视觉描述生成方法[126]。如图 2-1（b）所示，该方法的主要思路是通过使用不同的特征提取器，学习具有不同词性特点的视觉语义特征。通过利用上一时刻的文本状态信息，针对多种词性视觉特征进行动态的视觉特征融合编码，为描述生成提供更精准的语义信息。该方法首先设计了词性感知的视觉特征提取模块，从空间和时间两个角度出发实现对多种视觉特征的编码。然后，该方法构建了词性动态语义融合编码器，结合上一时刻文本预测状态，预测当前时刻的词性标签。基于预测的词性标签结果，该编码器能够实现词性特征的动态融合，为描述生成提供更适合当前时刻的语义融合特征。最后，本章提出了词性特征引导的描述生成模型，该模型将融合后的词性视觉信息补充到描述生成的过程中，从而生成与词性相匹配的单词。大量的实验结果表明，本章方法能够有效地编码具有词性特点的视觉语义特征，提升句子结构的完整性和内容的准确性。

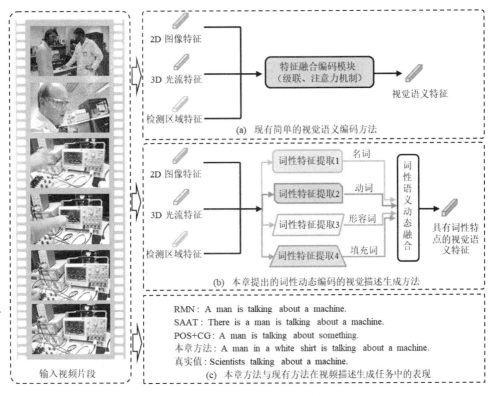

图 2-1　本章方法与现有方法的模型概念图与任务表现

2.2　问题描述

如图 2-2 所示，输入的视频包含了"女孩""电脑""交谈""使用""黑色的头发"等信息。这些信息所对应的单词，在句子成分上展现出明显的词性特点，如名词对象、动词行为、形容词状态等。尽管针对输入视频所提取的 2D 图像特征、3D 光流特征、检测区域特征包含了丰富的视觉语义信息，但是由于描述的句子成分具有多样性，因此预测不同时刻单词时所需的融合特征需要具备不同的词性特点。本章致力于研究如何基于 2D 图像特征、3D 光流特征、检测区域特征，编码具有不同词性特点的视觉语义信息；同时，利用不同时刻文本状态实现动态的语义特征融合，为单词预测提供更具有词性判别性的语义特征，从而生成内容准确、句子结构完整的文本描述。

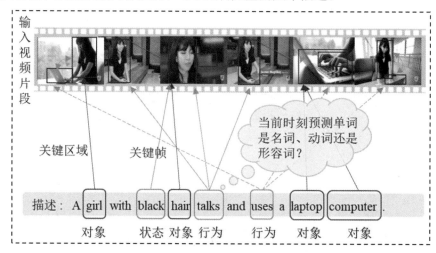

图 2-2　本章问题描述图解

2.3　基于词性动态编码的视觉描述生成方法

为了充分利用描述中单词特有的词性先验信息，辅助视觉描述生成任务中的语义编码过程，本章提出了一种基于词性动态编码的视觉描述生成方法。如图 2-3 所示，该方法首先利用多个预训练的视觉特征提取模型提取视频片段的多种视觉特征，包括 2D 图像特征、3D 光流特征和检测区域特征；然后设计词性感知的视觉特征提取模块，生成具有不同词性判别力的视觉语义特征；随后构建词性语义动态融合编码器，基于上一时刻的文本状态，预测当前时刻的词性标签，实现词性视觉语义特征的动态融合，为描述生成提供当前时刻所需的词性语义信息。同时，提出了词性特征引导的描述生成模型，将具有词性判别力的语义融合特征补充到描述生成过程中，生成与预测词性相匹配的单词，从而提升描述的准确性和句子结构的完整性。

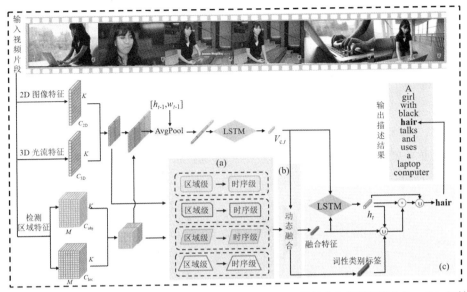

（a）词性感知的视觉特征提取模块，用于提取具有不同词性特点的视觉语义信息；（b）词性语义动态融合编码器，利用不同时刻文本状态实现词性视觉语义特征的动态融合；（c）词性特征引导的描述生成模型，利用融合的词性语义特征提升生成描述的质量。

图 2-3　本章方法框架图

2.3.1　词性感知的视觉特征提取模块

为了充分挖掘视频中所包含的丰富多样的对象信息和复杂变化的行为信息，现有方法通常利用预训练的特征提取器提取 2D 图像特征、3D 光流特征、检测区域特征。具体地，通过将视频进行等间隔采样，获得 K 帧图像，利用 2D 残差网络提取视频帧的图像特征 f_i，获得视频的 2D 图像特征为 $F_{2D} = \{f_1, f_2, \cdots, f_K\}$，$F_{2D} \in \mathbb{R}^{K \times C_{2D}}$。通过将视频进行等间隔采样，获得 K 个视频段，利用 C3D[127]、I3D[128] 等 3D 卷积神经网络提取每个片段的光流特征 ζ_i，获得视频的 3D 光流特征为 $F_{3D} = \{\zeta_1, \zeta_2, \cdots, \zeta_K\}$，$F_{3D} \in \mathbb{R}^{K \times C_{3D}}$。此外，针对上述 K 帧图像，现有方法也利用预训练的检测器 Faster R-CNN[21] 提取 M 个区域目标特征以及对应的位置坐标信息 $[x, y, w, h, score]$，(x, y) 表示区域的左上角坐标，(w, h) 表示区域的宽和高，$score$ 表示区域预测的置信度得分。最终获得的检测区域特征为 $F_{obj} \in \mathbb{R}^{K \times M \times C_{obj}}$，坐标信息为 $F_{loc} \in \mathbb{R}^{K \times M \times C_{loc}}$。面对上述多种视觉特征，现有方法采用特征拼接的方式或者简单的注意力模块进行特征编码，用于单词预测阶段。然而，这些编码方式忽略了不同词性单词与视觉特征类型之间的关联，难以提供具有词性判别力的视觉语义信息。为此，本章设计了词性感知的视觉特征提取模块，提取 2D 图像特征、3D 光流特征和检测区域特征中的具有词性判别力的语义信息。

在视觉描述生成任务中，准确的语义特征编码需要考虑视频在时间上的变化情况。为了学习时间序列上的视觉语义信息，本节首先利用长短期记忆网络（long short-term memory，LSTM）学习 2D 图像特征 F_{2D} 和 3D 光流特征 F_{3D} 中的时序性视觉语义信息 F_{vis}。具体公式如下：

$$\left. \begin{array}{l} F'_{2D} = \mathrm{LSTM}_1(\mathrm{FC}(F_{2D}) \cup T_s) \\ F'_{3D} = \mathrm{LSTM}_2(\mathrm{FC}(F_{3D}) \cup T_s) \\ F_{vis} = F'_{2D} \cup F'_{3D} \end{array} \right\} \tag{2-1}$$

式中，$T_s = [0, 1, \cdots, K-1]$，用于显式地补充时间序列信息。$\mathrm{FC}(\cdot)$ 表示全连接层，$\cup$ 表示特征级联操作。F'_{2D} 和 F'_{3D} 为 LSTM_1 和 LSTM_2 的隐藏层状态。$F'_{2D} \in \mathbb{R}^{K \times C}$，$F'_{3D} \in \mathbb{R}^{K \times C}$，$F_{vis} \in \mathbb{R}^{K \times 2C}$，$C$ 表示特征的通道维度。

假设上一时刻预测文本对应的隐藏层状态为 h_{t-1}，考虑到已预测单词对后续视觉特征编码的影响，本章方法构建具有时间特殊性的全局视觉语义信息 $V_{c,t}$。具体公式如下：

$$\left. \begin{array}{l} F_r = \mathrm{FC}(F_{obj} \cup F_{loc}) \\ v'_{visual} = F_{vis} \cup \mathrm{AvgPool}(F_r) \\ v_{visual} = \mathrm{AvgPool}(v'_{visual}) \\ V_{in,t-1} = v_{visual} \cup h_{t-1} \cup w_{t-1} \\ V_{c,t} = \mathrm{LSTM}_3(V_{in,t-1}) \end{array} \right\} \tag{2-2}$$

式中，F_r 包含区域和位置信息，$\mathrm{AvgPool}(\cdot)$ 表示平均池化操作，$V_{c,t}$ 为 LSTM_3 的隐藏层状态，w_{t-1} 为 $t-1$ 时刻的单词嵌入向量。$F_r \in \mathbb{R}^{K \times M \times C}$，$v'_{visual} \in \mathbb{R}^{K \times 3C}$，$v_{visual} \in \mathbb{R}^{1 \times 3C}$，$V_{in,t-1} \in \mathbb{R}^{1 \times 5C}$，$V_{c,t} \in \mathbb{R}^{1 \times C}$。此时，全局视觉语义信息 $V_{c,t}$ 不仅包含了全局视频时序性信息和区域对象信息，而且包含了当前时刻之前的描述结果。

为了提取细粒度的局部视觉语义特征，大多数现有的方法只是简单地利用自注意力机制对时序性视觉语义特征 F_{vis} 和静态区域对象特征 F_r 进行特征编码。由于网络在训练结束后参数均已固定，因此这种特征编码方式是一种无差别的特征融合方式，即无法根据不同单词词性的特点动态调整视觉特征的编码方式。因此，本章通过设计多个视觉特征编码器，进行多次局部特征编码，并通过词性类别预测扩大不同编码特征之间的距离，从而学习具有不同词性特点的语义信息，提高编码特征的语义判别性。

具体而言，从自然语言的角度分析，不同词性的单词构成了视频的文本描述。主语和宾语通常由名词组成，是构成句子主干的元素之一，而动词则通常用作谓语，包含目标的行为信息。除了主语、谓语、宾语三类主要结构外，形容词和副词等修饰词提供了重要的状态信息。介词、冠词、疑问词等填充词，则作为辅助来构成一个完整的句子。因此，本节共提取四种具有词性判别力的视觉语义特征，包括对象、行为、状态和填充词，并构造相应的 One-hot 编码 L_{sub}。具体公式如下：

$$L_{sub} = [\, l_o, \ l_b, \ l_s, \ l_f\,] \tag{2-3}$$

式中，l 表示对应词性类别的 One-hot 编码，o、b、s 和 f 分别表示对象、行为、状态和填充词。

由于视频的特征信息不仅要考虑每帧中不同区域之间的关系，还要考虑时间序列中不同帧之间的关系。因此，本节设计了区域特征筛选器 RF(·) 和时序特征筛选器 TF(·) 来作为一组特征编码器 FF(·)，以从时序性视觉语义特征 F_{vis} 和静态区域对象特征 F_r 挖掘与词性特点相关的视觉信息。具体公式如下：

$$FF(F_r, \ V_{c,t}, \ F_{vis}, \ L_{sub}) = \begin{cases} TF(RF(F_r, \ V_{c,t}), \ V_{c,t}, \ F_{vis}, \ l_o), \\ TF(RF(F_r, \ V_{c,t}), \ V_{c,t}, \ F_{vis}, \ l_b), \\ TF(RF(F_r, \ V_{c,t}), \ V_{c,t}, \ F_{vis}, \ l_s), \\ TF(RF(F_r, \ V_{c,t}), \ V_{c,t}, \ F_{vis}, \ l_f) \end{cases} \tag{2-4}$$

对于区域特征筛选器，为了获得更适合当前句子词性和描述状态的关键区域特征，利用全局视觉语义信息 $V_{c,t}$ 来对静态区域对象特征 F_r 进行筛选，保留当前时刻相关的区域，舍弃当前时刻无关的区域。具体公式如下：

$$\left.\begin{aligned} F_{RF} &= W_{r_1} F_r + W_{r_2} [V_{c,t}]_{\times K \times M} \\ \beta^r &= Softmax(W_{r_3} Tanh(F_{RF})) \\ RF(F_r, V_{c,t}) &= \beta^r F_r + AvgPool(F_r) \end{aligned}\right\} \tag{2-5}$$

式中，Tanh(·) 表示 Tanh 激活函数，W_{r_1}、W_{r_2} 和 W_{r_3} 是可学习权重矩阵。

$[\cdot]_{\times K\times M}$ 表示通过堆叠 $K\times M$ 个特征实现维度扩展操作。$[V_{c,t}]_{\times K\times M}\in$ $\mathbb{R}^{K\times M\times C}$，$F_{RF}\in\mathbb{R}^{K\times M\times C}$，$\beta^{r}\in\mathbb{R}^{K\times M}$，$RF(\cdot)\in\mathbb{R}^{K\times C}$。

由于 K 个视频帧中存在部分无关视频帧，因此本章方法基于区域特征筛选结果 $RF(F_{r}，V_{c,t})$ 和时序性视觉语义特征 F_{vis} 设计了时序特征筛选器。通过利用全局视觉语义信息 $V_{c,t}$ 进行相关视频帧筛选，保留当前时刻相关的视频帧，舍弃当前时刻无关的视频帧。具体公式如下：

$$
\left.
\begin{aligned}
F_{T} &= [RF(F_{r}，V_{c,t})\cup F_{vis}]_{\times 4}\cup L_{sub}\\
F_{TF} &= W_{t_{1}}F_{T}+W_{t_{2}}[V_{c,t}]_{\times K}\\
\beta^{T} &= Softmax(W_{t_{3}}Tanh(F_{TF}))\\
TF(RF(F_{r}，V_{c,t})，V_{c,t}，F_{vis}，L_{sub}) &= \beta^{T}F_{T}+AvgPool(F_{T})
\end{aligned}
\right\}
\tag{2-6}
$$

式中，L_{sub} 表示对应 4 种词性类别的 One-hot 编码，$W_{t_{1}}$、$W_{t_{2}}$ 和 $W_{t_{3}}$ 是可学习权重矩阵。$[\cdot]_{\times 4}$ 表示通过堆叠 4 个特征实现维度扩展操作，$[\cdot]_{\times K}$ 表示通过堆叠 K 个特征实现维度扩展操作。$F_{vis}\in\mathbb{R}^{K\times 2C}$，$F_{T}\in\mathbb{R}^{K\times 4C}$，$F_{TF}\in\mathbb{R}^{K\times C}$，$\beta^{T}\in$ $\mathbb{R}^{1\times K}$，$TF(\cdot)\in\mathbb{R}^{1\times 4C}$。

2.3.2 词性语义动态融合编码器

利用词性感知的视觉特征提取模块 $FF(F_{r}，V_{c,t}，F_{vis}，L_{sub})$，能够提取具有不同词性特点的视觉语义特征，包括对象、行为、状态和填充词，如图 2-4 所示。具体公式如下：

$$
V_{o}^{trend}，V_{b}^{trend}，V_{s}^{trend}，V_{f}^{trend} = FF(F_{r}，V_{c,t}，F_{vis}，L_{sub})
\tag{2-7}
$$

式中，V_{i}^{trend} 是不同词性特点的视觉语义特征，$i\in[o，b，s，f]$，o、b、s 和 f 分别表示对象、行为、状态和填充词。$V_{i}^{trend}\in\mathbb{R}^{1\times 4C}$。

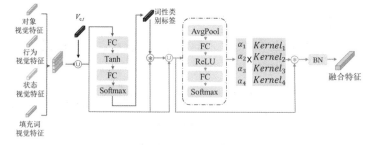

图 2-4　词性语义动态融合编码器结构示意图

为了更好地融合得到更符合当前时刻预测单词所需的词性视觉语义特征，

本节提出了一种词性语义动态融合编码器，基于公式（2-2）中提取的全局视觉语义信息$V_{c,t}$，在不同时刻动态地融合具有不同词性特点的视觉特征，为单词预测提供具有所需词性判别力的视觉语义信息。

首先，基于全局视觉语义信息$V_{c,t}$和词性特点的视觉特征V^{trend}，预测当前时刻的词性类别标签Tag_{class}。具体公式如下：

$$
\left.
\begin{aligned}
V_{trend} &= V_o^{trend} \cup V_b^{trend} \cup V_s^{trend} \cup V_f^{trend} \\
V'_{trend} &= FC(V_{trend}) \\
V_{score} &= V'_{trend} + FC([V_{c,t}]_{\times 4}) \\
Tag_{class} &= Softmax(FC(Tanh(V_{score})))
\end{aligned}
\right\} \quad (2\text{-}8)
$$

式中，$FC(\cdot)$表示全连接层。$V_{trend} \in \mathbb{R}^{4\times 4C}$，$V'_{trend} \in \mathbb{R}^{4\times C}$，$FC([V_{c,t}]_{\times 4}) \in \mathbb{R}^{4\times C}$，$V_{score} \in \mathbb{R}^{4\times C}$，$Tag_{class} \in \mathbb{R}^4$。在词性标签分类任务的监督下，本章方法能够提取更具有词性判别力的语义信息。

其次，基于词性标签分类结果学习四个动态卷积融合系数α_i，通过卷积运算得到具有当前时刻所需词性特点的融合语义特征V'_{fusion}。具体公式如下：

$$
\left.
\begin{aligned}
\alpha &= Softmax(FC(ReLU(FC(AvgPool(V'_{trend}))))) \\
Kernel &= \sum_{i=1}^{4} \alpha_i \cdot Kernel_i \\
V_{fusion} &= Tag_{class} \cdot V'_{trend} + V'_{trend} \\
V'_{fusion} &= BN(CONV(V_{fusion}, Kernel))
\end{aligned}
\right\} \quad (2\text{-}9)
$$

式中，$ReLU(\cdot)$表示ReLU激活函数，$Kernel_i$是可学习权重矩阵，维度大小为4×1，$CONV(A,B)$表示卷积运算，A是卷积输入，B是卷积核，$BN(\cdot)$表示批量归一化运算。$\alpha_i \in \alpha$，$\alpha \in \mathbb{R}^4$，$V_{fusion} \in \mathbb{R}^{4\times C}$，$Kernel \in \mathbb{R}^{4\times 1}$，$V'_{fusion} \in \mathbb{R}^{1\times C}$。

2.3.3 词性特征引导的描述生成模型

利用LSTM基于融合的词性视觉语义特征V'_{fusion}进行单词预测。对于t时刻，具体公式如下：

$$
\left.
\begin{aligned}
V_{de} &= V'_{fusion} \cup V_{c,t} \\
(h_t, c_t) &= LSTM(V_{de}, (h_{t-1}, c_{t-1}))
\end{aligned}
\right\} \quad (2\text{-}10)
$$

式中，$V_{de} \in \mathbb{R}^{1 \times 2C}$，$h_t \in \mathbb{R}^{1 \times C}$，$c_t \in \mathbb{R}^{1 \times C}$。

现有的方法通常基于隐藏层状态h_t直接利用多层感知机预测当前时刻的单词w_t。然而，随着时间推移，循环神经网络存在信息丢失累积的问题，这使得隐藏层状态h_t中视觉信息不足，导致单词预测结果不佳。因此，本章方法进一步将具有词性特点的视觉信息补充到循环神经网络隐藏层状态h_t中，将隐藏层状态h_t作为卷积核，实现对输入视觉信息V_{de}和隐藏层状态h_t的加权融合，旨在引导模型预测与词性类别相匹配的单词。具体公式如下：

$$V_{add} = (V_{de} \cup h_t) \odot [h_t]_{\times 3} + [h_t]_{\times 3} \tag{2-11}$$

式中，$\odot$表示 Hadamard 乘积，$(V_{de} \cup h_t) \in \mathbb{R}^{3 \times C}$，$[h_t]_{\times 3} \in \mathbb{R}^{3 \times C}$，$V_{add} \in \mathbb{R}^{3 \times C}$。

最后，使用全连接层将V_{add}映射到文本空间，进行单词预测。具体公式如下：

$$P_t(w_t) = \text{Softmax}(\text{FC}(\text{Tanh}(V_{add}))) \tag{2-12}$$

式中，$P_t(w_t)$是t时刻单词预测的概率值。

2.3.4 损失函数

本章提出的基于词性动态编码的视觉描述生成方法包括了词性类别标签预测和描述生成两个任务，分别采用了词性类别标签预测损失函数$\mathcal{L}_{pos}$和描述生成损失函数$\mathcal{L}_{cap}$，以多任务联合训练的方式约束本章方法中的所有模块。具体公式如下：

$$\mathcal{L} = \mathcal{L}_{cap} + \beta \cdot \mathcal{L}_{pos} \tag{2-13}$$

式中，β用于平衡训练期间词性类别标签预测和描述生成的相互影响。

对于描述生成任务，根据T个时刻单词的预测概率得分$P_t(w_t)$，使用交叉熵损失来计算描述生成损失。具体公式如下：

$$\mathcal{L}_{cap} = - \sum_{t=1}^{T} \log P_t(w_t) \tag{2-14}$$

对于词性类别标签预测任务，包括准确性和一致性两个损失约束。首先，考虑词性类别标签预测的准确性，使用交叉熵损失来计算词性标签的类别损失。其次，考虑到词性标签信息对单词生成的引导作用，进一步引入一致性损失函数，约束实际预测单词与预测词性类别标签之间的一致性。具体公式如下：

$$
\left.\begin{aligned}
\mathcal{L}_{\text{pos}} &= \mathcal{L}_{\text{tag}} + \mathcal{L}_{\text{match}} \\
\mathcal{L}_{\text{tag}} &= -\sum_{t=1}^{T}\sum_{i=1}^{4}\log Tag_{\text{class},t}^{i} \\
\mathcal{L}_{\text{match}} &= \frac{\sum_{t=1}^{T}\text{S}(w_t,\ Tag_{\text{class},t})}{T} \\
\text{S}(w_t,\ Tag_{\text{class},t}) &= \begin{cases} 1, & \text{POS}(w_t) \neq Tag_{\text{class},t} \\ 0, & \text{POS}(w_t) = Tag_{\text{class},t} \end{cases}
\end{aligned}\right\}
\tag{2-15}
$$

式中，$\text{S}(\cdot,\ \cdot)$ 表示 t 时刻预测的单词 w_t 是否与预测的词性标签 $Tag_{\text{class},t}$ 匹配。如果匹配，则得分为 0，否则得分为 1。

2.4 词性辅助信息增益分析

为了进一步说明词性辅助信息对视觉描述生成任务的有效性，本节分析使用词性信息前后的信息增益，证明词性信息对单词预测的正向激励作用。在视觉描述生成任务中，单词预测可以视为一项基于数据集词汇的庞大分类任务。因此，本节将基于词性信息的视觉描述生成任务建模为词性标签已知下的决策树预测问题。熵表示样本集的纯度和不确定性，信息增益表示不确定性的变化。通过证明使用词性信息前后的信息增益，能够衡量词性信息对单词预测的影响。

符号： 假设单词列表为 V，4 种不同词性单词列表子集为 V^j，$j \in [1,2,3,4]$。单词列表大小为 N_V，不同词性单词列表子集大小为 N_{Vj}。V 中第 i 个单词 v 的权重为 $n(v_i)$，V^j 中第 i 个单词 v 的权重为 $n(v_i^j)$。

命题： 词性标签已知的情况下，利用 4 种不同词性的单词列表进行单词预测，可以降低描述生成任务中单词预测的不确定性，实现正增益，即

$$
\text{Gain}(V,\text{POS}) = \text{Ent}(V) - \sum_{j=1}^{4}\frac{N_{Vj}}{N_V}\cdot \text{Ent}(V^j) > 0
\tag{2-16}
$$

证明：

$$\text{Ent}(V) = -\sum_{i=1}^{N_V} \frac{n(v_i)}{N_V} \cdot \log \frac{n(v_i)}{N_V}$$

$$\text{Ent}(V^j) = -\sum_{i=1}^{N_{Vj}} \frac{n(v_i^j)}{N_{Vj}} \cdot \log \frac{n(v_i^j)}{N_{Vj}}$$

$$
\begin{aligned}
\sum_{j=1}^{4} \frac{N_{Vj}}{N_V} \cdot \text{Ent}(V^j) &= \sum_{j=1}^{4} \frac{N_{Vj}}{N_V} \cdot \left(-\sum_{i=1}^{N_{Vj}} \frac{n(v_i^j)}{N_{Vj}} \cdot \log \frac{n(v_i^j)}{N_{Vj}} \right) \\
&= -\sum_{j=1}^{4} \sum_{i=1}^{N_{Vj}} \frac{N_{Vj}}{N_V} \cdot \frac{n(v_i^j)}{N_{Vj}} \cdot \log \frac{n(v_i^j)}{N_{Vj}} \\
&= -\sum_{j=1}^{4} \sum_{i=1}^{N_{Vj}} \frac{n(v_i^j)}{N_V} \cdot \log \frac{n(v_i^j)}{N_{Vj}} \\
&< -\sum_{j=1}^{4} \sum_{i=1}^{N_{Vj}} \frac{n(v_i^j)}{N_V} \cdot \log \frac{n(v_i^j)}{N_V} \quad (N_V > N_{Vj}) \\
&= -\sum_{i=1}^{N_V} \frac{n(v_i)}{N_V} \cdot \log \frac{n(v_i)}{N_V} \\
&= \text{Ent}(V)
\end{aligned}
\tag{2-17}
$$

$$\sum_{j=1}^{4} \frac{N_{Vj}}{N_V} \cdot \text{Ent}(V^j) < \text{Ent}(V) \Rightarrow \text{Gain}(V, \text{POS}) > 0$$

综上所述，词性信息会产生正向的信息增益，提高分类的准确性，从而生成更准确的视觉描述。

2.5 实验结果的分析与讨论

本节在常用视频描述生成数据集上验证了本章方法的有效性。实验部分组织如下：首先，介绍实验的基本设置，包括数据集、评价指标以及相关的实验细节；其次，分别展示本章方法的客观性能和主观结果，并与现有方法进行分析比较；最后，讨论了本章方法所提出的不同模块和设置对实验结果的影响。

2.5.1 实验设置

1. 数据集

本章方法在三个具有挑战性的视频描述数据集上进行了充分的实验：MSVD[129]、MSR-VTT[130] 和 VATEX[131]。

（1）MSVD。MSVD[129] 数据集是 2013 年由微软研究院构建的，共计包含 1 970 个 YouTube 视频片段（平均长度在 10~25 s）。每个视频采用多种语言进行描述标注，覆盖包括动物、运动等在内的多种场景和主题。其中，每个视频片段大约人工标注了 40 个英文描述，训练集、验证集和测试集分别包含 1 200、100 和 670 个视频片段。

（2）MSR-VTT。2016 年，Xu 等人构建了 MSR-VTT[130] 数据集。该数据集是常用的视频描述数据集之一，共计包含 10 000 个视频片段（平均长度在 10~30 s）。每个视频片段都人工标注有 20 个英文描述。其中，训练集、验证集和测试集分别包含 6 513、497 和 2 990 个视频片段。此外，该数据集为每个视频进行了场景类别信息标注，包括"music""people""gaming""sports""education""cooking"等 20 类常见场景。

（3）VATEX。VATEX[131] 是 2019 年发布的新型大规模视频描述生成数据集，共计包含 600 种不同的人类活动内容。其中，训练集、验证集和测试集分别包含 25 991、3 000 和 6 000 个视频片段。每个视频片段都人工标注有 10 个英文描述。与广泛使用的 MSVD、MSR-VTT 数据集相比，VATEX 的视频数目规模更大、描述标注更复杂、视频包含的场景更加多样化。

2. 评价指标

为了对生成的描述进行综合评价，采用的四个常用的评价指标为 BLEU@1-4（B@1-4）[132]、METEOR（M）[133]、ROUGE-L（R）[134] 和 CIDEr（C）[135]。

BLEU@1-4[132] 最初是为机器翻译而设计的，专注于评估生成描述中的 n-gram 精度，其中 n 的范围从 1 到 4，n-gram 表示句子中连续的 n 个单词。例如，BLEU@1 的得分表示在生成的文本描述中，包含了多少个真实文本中的单词，能够评估生成描述的单词级精度，而 BLEU@4 具有较长的匹配值，能够评估生成描述的流畅性、准确性。具体公式如下：

$$\text{BLEU@}\,n = \frac{\sum_{n\text{-gram}\in\text{OUT}}\text{Count}_{\text{GT}}(n\text{-gram})}{\sum_{n\text{-gram}'\in\text{OUT}}\text{Count}(n\text{-gram}')} \tag{2-18}$$

式中，OUT 表示所有预测文本，GT 表示真实文本，$\text{Count}_{\text{GT}}(n\text{-gram})$ 表示某个 n-gram 在真实文本中的个数，$\text{Count}(n\text{-gram}')$ 表示某个 n-gram' 在预测文本中的个数。

METEOR[133] 初期同样主要用于机器翻译任务，后用于描述生成任务。与匹配精确单词的 BLEU 不同，METEOR 同时考虑了预测单词的准确率和召回率，以及词序的准确程度，来计算预测文本和真实文本之间的相似度。METEOR 还利用一些额外的知识源来扩展同义词单词集，并在评估时考虑同义词和具有相同词干的单词。此外，METEOR 引入一个调和平均数（F_{mean}）来平衡准确率和召回率，以及一个罚分因子（Penalty）来惩罚不流畅或不连贯的文本。具体公式如下：

$$\left.\begin{aligned}
F_{\text{mean}} &= \frac{(1+\beta^2)PR}{R+\beta P}\\[2mm]
\text{Penalty} &= \gamma\left(\frac{\text{chunks}}{\text{unigrams\_matched}}\right)^{\theta}\\[2mm]
\text{METEOR} &= (1-\text{Penalty})F_{\text{mean}}
\end{aligned}\right\} \tag{2-19}$$

式中，P 和 R 分别表示准确率和召回率。chunks 表示预测文本和真实文本之间匹配且在空间词序排列上连续的数目。unigrams_matched 表示预测文本与真实文本之间匹配的个数。参数 β、γ、θ 通常设定为 3、0.5、3。

ROUGE-L[134] 与 BLEU 相似，不同之处在于 BLEU 关注于准确率，ROUGE-L 关注于召回率。该评价指标基于最长公共子序列（longest common sequence，LCS）评估预测文本与真实文本之间的相似性，其主要思想是具有更大 LCS 的两个句子更相似。ROUGE-L 能够更好地反映预测文本的完整性和准确性。具体公式如下：

$$\left.\begin{aligned}
R_{\text{lcs}} &= \frac{\text{LCS}(\text{GT},\text{OUT})}{m}\\[2mm]
P_{\text{lcs}} &= \frac{\text{LCS}(\text{GT},\text{OUT})}{n}\\[2mm]
\text{ROUGE-L} &= \frac{(1+\beta^2)R_{\text{lcs}}P_{\text{lcs}}}{R_{\text{lcs}}+\beta^2 P_{\text{lcs}}}
\end{aligned}\right\} \tag{2-20}$$

式中，OUT 表示预测文本，GT 表示真实文本，LCS 表示最长公共子序列的长度，m 为真实文本的长度，n 为预测文本的长度。

CIDEr[135] 是针对视觉描述生成任务设定的评价指标。该评价指标通过计算词频-逆文本频率指数（term frequency-inverse document frequency, TF-IDF）评估预测文本和真实文本之间的余弦相似性，能够基于 TF-IDF 统计结果为不同的单词设定不同的权重，而不是平等对待所有单词。因此，该评价指标更加关注于预测文本是否包含更多的关键信息。具体公式如下：

$$\text{CIDEr}_n(\text{OUT}, \text{GT}) = \frac{1}{m} \sum_{i=1}^{m} \frac{g_n(\text{OUT}) g_n(\text{GT}_i)}{\| g_n(\text{OUT}) \| \; \| g_n(\text{GT}_i) \|}$$

$$\text{CIDEr} = \sum_{n=1}^{N} w_n \text{CIDEr}_n(\text{OUT}, \text{GT}) \tag{2-21}$$

式中，OUT 表示预测文本，GT 表示真实文本，m 是真实文本的数量。n 表示句子中连续的 n 个单词（n-gram），$g_n(\cdot)$ 表示 TF-IDF 计算过程。N 表示 n-gram 的最大长度，通常设定为 4。w_n 表示 n-gram 的 CIDEr 得分权重，通常设定为 $\frac{1}{4}$。

此外，CIDEr 指标进一步考虑到了特殊情况：不常见的单词重复很多次会得到更高的分数，针对性地对 CIDEr_n 进行了优化，引入了基于长度的高斯惩罚，并限制了预测结果中某个单词多次出现的次数。具体公式如下：

$$\text{CIDEr}_n(\text{OUT}, \text{GT}) = \frac{10}{m} \sum_{i=1}^{m} e^{-\frac{(l(\text{OUT}) - l(\text{GT}_i))^2}{2\sigma^2}} \frac{\min(g_n(\text{OUT}), \; g_n(\text{GT}_i)) \cdot g_n(\text{GT}_i)}{\| g_n(\text{OUT}) \| \; \| g_n(\text{GT}_i) \|}$$

$$\tag{2-22}$$

式中，$l(\cdot)$ 表示句子的长度。σ 为平衡系数，通常设置为 6。由于加权系数为 $\frac{10}{m}$，因此优化后 CIDEr 指标上界为 10。

本章通过使用 MS COCO 服务器[136] 基于上述评价指标进行评估。上述评价指标广泛应用于机器翻译、图像和视频描述生成任务，可以充分反映生成文本描述的精准性和流畅性。此外，本章方法进一步采用 Top-1 分类精度以及预测词性标签与生成单词之间的一致性得分评估词性预测的准确性。所有评价指标与生成描述的质量呈正相关。

3. 实验细节

在视频预处理阶段，对于所有视频片段，预设采样数 $K = 26$，即等间隔提取 26 帧和 26 个片段进行视觉特征提取。每一帧中预设对象数 $M = 36$，即利用检测器抽取 36 个区域信息。对于 2D 图像特征，使用在 ImageNet[137] 上预训练的 InceptionV2[138] 作为特征提取网络，初始化特征通道数为 1 536；对于 3D 光流特征，使用在 Kinetics-600 上预训练的 I3D[128] 作为特征提取网络，初始化特征通道数为 1 024；对于区域视觉特征，使用预训练的 Faster R-CNN[21] 作为特征提取网络，初始化特征通道数为 2 048。对于所有数据集，采用相同的视频预处理设置。

在文本预处理阶段，首先删除所有的停用词、标点符号以及出现频率低于 1 次的低频词，然后为三个数据集分别构建相应的预测单词列表，最后使用 NLP 词性解析工具分析所有单词的词性，并按照一定的规则分为四类。分类规则如下：第一类为对象类，以名词为主，包括 "NN" "NNS" "NNP" 和 "NNPS"；第二类为行为类，以动词为主，包括 "VB" "VBD" "VBG" "VBN" "VBP" "VBZ" "MD"；第三类为状态类，以形容词、副词为主，包括 "JJ" "JJR" "JHS" "RB" "RBR" "RBS" "PRP" "RP" "PRP"；第四类为填充词类，包括 "FW" "DT" "IN" "WDT" "WP" "WRB" "TO" "UH" "SYM" "CD" "CC" "LS" "EX" "PDT" "POS"。对于 MSR-VTT[130]、MSVD[129] 和 VATEX[131] 数据集，预测单词列表的大小分别为 7 347、9 728 和 20 893。此外，考虑到预测句子的复杂程度，三个数据集的最大句子长度分别设置为 30、30、34。

对 MSR-VTT[130]、MSVD[129] 和 VATEX[131] 三个数据集，本章方法采用完全相同的网络参数。对于优化器，使用传统的 Adam 优化器[139]，初始学习率设定为 1×10^{-4}。视觉编码特征维度为 1 024，单词的词向量特征维度和隐藏层的特征维度均为 512。损失函数中的平衡系数 β 为 0.1。本章所有实验均基于 Pytorch 深度学习框架实现，CPU 型号为 AMD EPYC 7352，8 卡 GPU 型号为 NVIDIA GeForce RTX 3090。

(2.5.2) 客观性能比较

1. 在 MSVD 数据集上的实验结果

表 2-1 展示了本章提出的基于词性动态编码的视觉描述生成方法与现有方法在 MSVD 数据集上的描述性能比较结果。先进的方法 MARN[76] 和 ORG-TRL[77] 在视觉描述生成任务上展示出一定的提升，前者希望通过记忆存储模块

和注意力机制来避免关键信息的丢失，后者则希望通过构造对象关系图增强视觉表征，并利用外部语言模型补充丰富的语言先验知识集。然而，这些方法对动态变化视频片段的性能提升是不充分的。相比这些方法，本章提出的方法通过利用词性信息增强视觉语义特征，能够获得对应对象、行为、状态等更具判别力的视觉表征。本章方法极大地提高了描述的准确性和结构的完整性，并且动态地将具有词性特点的视觉特征进行融合，以辅助描述生成过程，避免了关键信息的遗忘导致的描述错误。本章方法在四个评价指标上均取得了最佳的性能，分别达到了58.7%、37.6%、74.8%和100.3%。此外，在MSVD数据集上，本章方法词性标签预测的Top-1精度达到了96.1%，一致性预测准确率达到了94.7%。

表 2-1　本章方法与现有方法在 MSVD[129] 上的描述性能比较结果

方法	词性	特征	B@4/%	M/%	R/%	C/%
HMM[144]		InV3 + C	52.9	33.8	—	74.5
Picknet[145]		R152	52.3	33.3	69.6	76.5
Recnet[146]		InV4	52.3	34.1	69.8	80.3
HTM[147]		R152 + C	54.7	35.2	72.5	91.3
D-LSTM[148]		VGG + C	50.4	32.9	—	72.6
MARN[76]		R101 + X101	48.6	35.1	71.9	92.2
OA-BTG[63]		R101 + R200	56.9	36.2	—	90.6
SibNet[149]		GoogLeNet	54.2	34.8	71.7	88.2
POS + CG[81]	√	InV2 + I（M）	52.5	34.1	71.3	88.7
POS + VCT[82]	√	InV2 + C	52.8	36.1	71.8	87.8
ORG-TRL[77]		InV2 + C	54.3	36.4	73.9	95.2
Pan et al.[64]		R101 + I	52.2	36.9	73.9	93.0
SAAT[83]	√	InV2 + C	46.5	33.5	69.4	81.0
RMN[84]	√	InV2 + I	54.6	36.5	73.4	94.4
SHAN[66]	√	InV2 + I	54.3	35.3	72.2	91.3
本章方法	√	InV2 + I	58.7	37.6	74.8	100.3

注：InV2、InV3、InV4、I、I（M）、C、R152、R101、R200 和 VGG 分别表示

InceptionV2[138]、InceptionV3[140]、InceptionV4[141]、I3D[128]、I3D（光流特征）[128]、C3D[127]、Resnet152[142]、Resnet101[142]、Resnet200[142]和VGGNet[143]。

2. 在MSR-VTT数据集上的实验结果

表2-2展示了本章方法与现有方法在MSR-VTT数据集上的描述性能比较结果。为了公平比较，表2-2中仅与未使用场景类别标注信息和音频信息的方法进行比较。可以观察到与最先进的方法相比，本章提出的方法在绝大多数情况下都取得了优异的结果，仅在METEOR和ROUGE-L指标上略微低于POS + VCT[82]。这是由于POS + VCT旨在解决数据集上的长尾分布的问题，因此该方法只保留了24个高频词性，而忽略所有低频词性，提高了网络生成描述的召回率，增强了模型在METEOR和ROUGE-L上的表现。但是，部分低频词性出现频率较低，如形容词最高级和语气助词，却在句子内容理解和结构完整性方面发挥着十分重要的作用。与POS + VCT相比，本章提出的方法根据实际情况保留了全部的36个词性类别，能够生成更标准、更连贯的语言描述，能够极大地提高描述的流畅性和语言的准确性，因此在BLEU@4和CIDEr指标上显著优于POS + VCT。本章方法在四个评价指标上分别达到了43.8%、28.8%、62.1%和51.2%。此外，在MSR-VTT数据集上，本章方法词性标签预测的Top-1精度为84.9%，一致性预测准确率为93.4%。实验结果也验证了词性信息对于生成高质量描述的重要价值。

表2-2　本章方法与现有方法在MSR-VTT[130]上的描述性能比较结果

方法	词性	特征	B@4/%	M/%	R/%	C/%
HMM[144]		InV3 + C	39.9	28.3	—	40.9
Picknet[145]		R152	39.4	27.3	59.7	42.3
Recnet[146]		InV4	39.1	26.6	59.3	42.7
D-LSTM[148]		VGG + C	38.1	26.6	—	42.8
MARN[76]		R101 + X101	40.4	28.1	60.7	47.1
OA-BTG[63]		R101 + R200	41.4	28.2	—	46.9
SibNet[149]		GoogLeNet	40.9	27.5	60.2	47.5
POS + CG[81]	√	InV2 + I（M）	42.0	28.2	61.6	48.7
POS + VCT[82]	√	InV2 + C	42.3	29.7	62.8	49.1

续表

方法	词性	特征	B@4/%	M/%	R/%	C/%
ORG-TRL[77]		InV2 + C	43.6	28.8	62.1	50.9
Pan et al.[64]		R101 + I	40.5	28.3	60.9	47.1
SAAT[83]	√	InV2 + C	40.5	28.2	60.9	49.1
RMN[84]	√	InV2 + I	42.5	28.4	61.6	49.6
SHAN[66]	√	InV2 + I	39.7	28.3	60.4	49.0
本章方法	√	InV2 + I	43.8	28.8	62.1	51.2

3. 在 VATEX 数据集上的实验结果

表 2-3 展示了本章方法与现有方法在 VATEX 数据集上的描述性能比较结果。与 MSVD 和 MSR-VTT 数据集相比，VATEX 数据集具有数据量大、内容丰富、词语多样的特点，这使得 VATEX 数据集在视频描述生成任务中更具挑战性。与现有方法相比，本章方法在所有评价指标上均取得了最佳结果，分别达到了 32.6%、22.4%、49.1% 和 49.0%。此外，在 VATEX 数据集上，本章方法词性标签预测的 Top-1 精度为 65.5%，一致性预测准确率为 83.2%。实验结果同样验证了本章方法在视频描述生成任务上的有效性。

表 2-3　本章方法与现有方法在 VATEX[131] 上的描述性能比较结果

方法	B@4/%	M/%	R/%	C/%
Shared Base[131]	28.1	21.6	46.9	44.3
Shared Enc[131]	28.4	21.7	47.0	45.1
Shared Enc-Dec[131]	27.9	21.6	46.8	44.2
ORG-TRL[77]	31.3	21.9	48.3	47.1
本章方法	32.6	22.4	49.1	49.0

2.5.3　主观结果分析

图 2-5 直观地展示了本章方法在视频描述生成任务上的描述效果。除了展示对应的输入视频片段和输出描述结果之外，本节还进一步展示了关键时刻的词性标签预测概率结果和词性特征语义编码中间结果，包括不同时刻视频帧的

重要性得分以及关键帧中显著性区域的关注点。

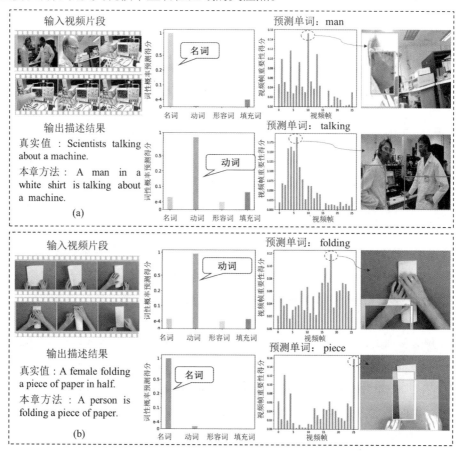

图 2-5　本章方法生成描述的主观结果图

从图 2-5 中可以看出，整体上本章方法能够准确地预测词性的类别标签，为描述生成过程提供准确的信息指引。此外，在词性特征语义编码过程中的时序和区域注意力机制也可以准确地定位出视频片段的关键帧，以及关键帧中的重要对象。例如在图 2-5（a）中，视频具有变化复杂、对象多样的特点，关键描述"man"仅在视频开头帧中出现，而"machine"仅在视频中后段出现，更具挑战性的行为"talking"则需要模型通过推理两个名词对象"man"和"machine"之间的相互关系来进行预测。甚至，在图 2-5（a）中，本章方法生成的描述优于人工标注的真实文本，成功地预测出了细节信息"white shirt"。此外，在图 2-5（b）中，本章方法也成功地描述出了两个关键对象"person"和"paper"，并进一步通过关注手的动作变化成功预测出行为动词"folding"。

上述主观结果充分地展示了本章方法能够有效帮助网络生成结构完整、内容丰富的视觉描述。

2.5.4 讨论

为了验证本章方法中不同模块的有效性，本节基于 MSVD 数据集进行了一系列消融实验，主要讨论并分析了不同模块和不同实验设置对于视频描述性能的影响。实验采用经典的带有自注意力机制的 LSTM 作为基线方法。

1. 不同模块对视频描述性能的影响

表 2-4 展示了不同模块的消融实验结果。在仅使用词性感知的视觉特征提取模块时，通过简单的特征级联与平均池化操作实现对 4 种具有词性特点的视觉语义特征的融合。基线方法利用全局视觉信息进行描述生成，忽略了不同视觉特征与句子结构的相互关系，导致生成的描述在句子完整性和内容准确性上表现不足。与基线方法相比，本章提出的词性感知的视觉特征提取模块学习多种具有词性判别力的视觉特征，能够显著提升生成描述的质量，特别是关键评价指标 CIDEr 提升了 3.7%。这是因为词性感知的视觉特征提取模块能够为描述生成提供更细粒度、更具有判别力的语义信息，因此生成的描述更准确、结构更完整。当仅使用词性语义动态融合编码器时，本章方法仅利用一个视觉特征提取模块来获得细粒度视觉特征，并复制 4 次以确保消融实验的准确性。可以看出，尽管单个视觉特征提取模块获得的特征丰富度不足，所提出的动态视觉语义融合模块也可以结合词性类别预测信息，实现视觉语义特征的动态调整，为描述生成提供更有词性判别力的特征。同时，在单词预测阶段，词性特征引导的描述生成模型能够实现词性视觉语义信息的补充，从而缓解循环神经网络存在的视觉信息丢失问题，提高描述的整体质量。

表 2-4　本章方法中不同模块对描述性能的影响

词性感知的视觉 特征提取模块	词性语义动态 融合编码器	词性特征引导的 描述生成模型	B@4/%	M/%	R/%	C/%
			55.1	36.1	73.7	90.7
√			57.1	36.8	74.2	94.4
	√		56.5	36.6	73.8	94.3
		√	56.3	36.5	73.9	94.5

词性感知的视觉特征提取模块	词性语义动态融合编码器	词性特征引导的描述生成模型	B@4/%	M/%	R/%	C/%
	√	√	58.4	37.0	74.7	95.1
√	√	√	58.7	37.6	74.8	100.3

2. 不同动态卷积核数目对视频描述性能的影响

表2-5 展示了在本章提出的词性语义动态融合编码器中使用动态卷积融合方法对视频描述性能的影响，同时也展示了使用自注意力机制进行融合的结果。可以观察到，相比使用自注意力机制，采用本章提出的动态卷积融合方式具有更好的表现。由于自注意力机制仅单一地学习自信息关系，并未建立视觉特征和多种词性信息之间的互信息关系，而动态卷积融合方式能够同时考虑视觉语义信息和词性语义信息之间的关系，因此随着动态卷积核数目的增加，网络可以学习更多的特征融合知识，并聚合丰富的词性视觉语义信息。然而，过多的卷积核会导致训练收敛困难，当卷积核的数目为 5 时，性能急剧下降。当卷积核的数目为 4 时，视频描述性能明显优于其他实验设置。本章方法采用学习 4 个动态卷积核来实现多种词性视觉特征的融合。

表 2-5　本章方法中动态卷积核数目对描述性能的影响

方法	数目	B@4/%	M/%	R/%	C/%
自注意力机制	—	54.4	36.4	73.6	92.5
动态卷积融合	1	57.2	37.1	74.4	96.3
	2	58.0	37.3	74.4	96.7
	3	57.9	37.2	74.5	97.4
	4	58.7	37.6	74.8	100.3
	5	57.2	36.8	74.7	95.6

3. 不同词性类别数目对视频描述性能的影响

表2-6 分析了不同词性类别数目对视频描述性能的影响。当词性类别数目为 2 时，本章方法将单词是否作为句子的主要结构作为分类依据；当词性类别数目为 3 时，本章方法将分类标准设置为名词、动词、其他词；当词性类别数

目为 4 时，本章方法按照"实验细节"所述划分方式进行词性类别划分。从表 2-6 中可以看出，随着词性类别数目的增加，词性标签的预测逐步精细化，能够提取到更具代表性的多种词性视觉特征。实验结果表明更精细的词性标签与词性视觉特征能够显著提高句子内容的准确性和结构的完整性，当词性类别数目为 4 时，关键评价指标 CIDEr 达到 100.3%。

表 2-6　本章方法中词性类别数目对描述性能的影响

词性类别数目	B@4/%	M/%	R/%	C/%
2	56.1	36.7	74.0	96.0
3	57.2	37.4	74.5	98.5
4	58.7	37.6	74.8	100.3

4. 不同词性类别损失函数平衡系数 β 对视频描述性能的影响

对于词性类别预测和描述生成任务，本章设置了损失函数平衡系数 β，以综合考虑两者之间的相互影响。表 2-7 展示了 β 分别设置为 0.0、0.1、0.2、0.3、0.4 和 0.5 时，不同词性类别损失函数平衡系数对视频描述性能的影响。可以观察到，当 β 为 0.0 时，训练期间仅对描述生成进行约束，忽略了词性预测对描述生成的帮助，关键评价指标 CIDEr 为 96.9%。当 β 超过 0.2 时，网络的关注点将偏离生成描述的质量，过度关注词性类别预测的准确性，极大地影响生成描述的质量。当 β 为 0.1 时，少量的词性类别预测信息有利于网络生成更准确的描述。相比于不使用词性类别预测信息，关键评价指标 CIDEr 提升了 3.4%。

表 2-7　本章方法中词性类别损失函数平衡系数 β 对描述性能的影响

β	B@4/%	M/%	R/%	C/%
0.0	57.9	37.4	74.5	96.9
0.1	58.7	37.6	74.8	100.3
0.2	58.3	37.6	74.6	98.8
0.3	57.7	37.4	74.4	93.7
0.4	56.8	37.2	74.3	93.0
0.5	56.6	36.9	74.0	91.4

2.6 本章小结

　　本章提出了一种基于词性动态编码的视觉描述生成方法，有效地利用词性先验信息，学习具有不同词性判别力的视觉表征，为描述生成提供更适合当前时刻所需的视觉语义信息。该方法从空间和时间两个角度出发，设计了词性感知的视觉特征提取模块，生成具有不同词性特点的视觉语义特征。在此基础上，进一步构建了词性语义动态融合编码器，利用多种不同词性特点的视觉特征和上一时刻的文本状态，预测当前时刻的词性标签，实现多种词性视觉特征的动态融合，为描述生成提供更适合当前时刻状态的语义信息。最后，基于融合后的词性视觉语义信息进行单词预测，从而降低了视觉语义特征判别性弱所带来的预测错误，提升描述内容的准确性和结构的完整性。大量的实验验证了本章方法的有效性。

第三章

基于多级对象属性编码的视觉描述生成研究

3.1 引言

　　第二章主要针对构建视觉语义编码与句子结构之间的相互关系展开了相关研究，所提出的方法能够有效地通过预测词性类别信息提取具有词性判别力的视觉特征，从而提升描述结构的完整性和内容的准确性。现有的视觉描述数据通常包含少量的目标和简单的背景环境，并且文本描述相对简单，主要描述场景中显著的目标。然而，在真实世界中，视觉场景通常具有目标密集、场景多样的特点。对于更加复杂的密集视觉场景理解，高质量文本描述除了需要具备准确的内容、完整的句子结构之外，还应该包含丰富的细粒度属性细节描述。现有的视觉描述生成方法大多面向简单场景，通过区域级特征提取与编码，捕获视觉场景中的显著性对象，进一步结合整张图的视觉信息和显著性区域信息进行描述生成。由于忽略了目标对象具有的不同属性特点，因此面对更加密集复杂的实际应用场景时，所生成的描述通常简单直接、缺失细节信息，往往无法生成内容准确、结构完整、细节丰富的文本描述。为此，本章首次针对密集场景视觉描述生成问题开展相关研究。

　　如图 3-1 （a）和（b）所示，作为典型的图像描述数据集，MS COCO[1] 和

Flickr30k[150]包含了各种类型和主题的图像，人工标记的多个文本描述十分简单且相似，主要针对图像中最显著的目标进行描述，并未包含丰富的细节信息。图3-1（c）展示了VisualGenome[23]数据集，包含许多带有简单句子或短语描述的边界框，这些描述标注更多地关注单个物体，如"mountain""pants""sky"和"man"，并未对场景整体进行描述。同时，这些数据集中的图像具有目标显著和背景简单的特点，文本描述通常简短直接、缺乏细节信息，难以适用于复杂的密集场景视觉描述生成任务。根据上述分析，现有的图像描述生成数据集在研究密集场景视觉描述生成方面存在以下局限性：①图像通常包含显著的对象和简单的背景，与实际应用场景不同；②仅关注图像中显著的目标，且描述标注之间十分相似，忽略了描述同一张图像时语言的多样性；③句子结构单一、描述简单、缺乏细节信息。

为了推动密集场景视觉描述生成的相关研究和描述生成模型在实际生活中的应用，本章首次构建了一个密集场景图像描述数据集CrowdCaption[151]。如图3-1（d）所示，本章构建的数据集具有符合实际生活场景的图像，具备全面多样的描述，描述中包含了典型的人物属性及关系。由于描述中包含了大量的属性特点（如行为、位置、穿着、姿态、周围环境、群体特性等），因此该数据集能充分地反映图像中的目标、环境以及细节信息。由于描述的复杂性和多样性以及密集场景的特殊性，该数据集更具挑战性。要实现详细准确的密集场景图像描述，不仅需要充分挖掘密集场景中的视觉信息，还需要关注具有对象特殊性的细节信息，以实现对环境和目标的充分描述。为了解决上述问题，本章提出了一种基于多级对象属性编码的视觉描述生成方法[151]，以生成包含更多细节信息的文本描述。具体来说，本章方法首先设计了多级对象属性特征编码器，提取不同对象属性特征的同时，建立不同属性之间的相互关系。其次，构建了一个对象属性特征融合模块来获得具有细粒度对象属性表征的视觉语义信息。最后，提出了一个语义循环更新的描述生成模型，基于编码的细粒度视觉特征逐时刻预测相应的单词。本章方法在构建的CrowdCaption数据集上进行了广泛的实验，实验结果验证了本章方法的有效性。

(a) MS COCO

- Two polar bears at the zoo resting on a rock ledge.
- Two polar bears on a rock with a field in the background.
- Two polar bears are relaxing on the ground.
- A couple of white polar bears laying on top of a rock.

(b) Flickr30k

- The white and brown dog is running over the surface of the snow.
- A white and brown dog is running through a snow covered field.
- A brown and white dog is running through the snow.
- A dog is running in the snow.

(c) VisualGenome

- Person wearing black pants.
- A mountain covered with snow.
- The jacket is brown.
- Mountains in the distance.
- A mountain in the background.
- The man is wearing a helmet.
- The pants are black.
- A cloudy blue sky.

(d) CrowdCaption

- There are many tourists in the distance. Some of them are watching the scenery by the river, and some are walking on the bridge.
- Two men stand around the women who are sitting. The man standing to the right of the women has a pair of sunglasses on his chest.
- A group of people have a picnic together nearby. One of them is a woman in a yellow shirt carrying a pink bag.
- A group of people gather on the grass in the distance. A further bridge is crowded with tourists.

图 3-1　现有图像描述数据集与本章构建的 CrowdCaption 数据集的示例图

3.2　问题描述

如图 3-2 所示，本章致力于解决密集场景的图像描述生成问题，即针对密集场景图像中的对象和环境，生成与图像内容相对应的、包含丰富细节信息的文本描述。与现有数据集中的简单场景相比，密集场景通常包含更加多样的对象，同时对象之间的关系也更加复杂，因此更具有挑战性。为此，本章构建了密集场景视觉描述生成数据集，并进一步探究如何挖掘密集场景中对象细粒度属性特征，同时建立不同细粒度属性之间的相互关系，最终生成包含丰富对象属性细节信息和环境信息的文本描述。

 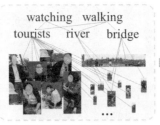

输入图像

如何挖掘密集场景中对象
细粒度属性及其关系信息？

输出描述

图 3-2　本章问题描述图解

3.3　密集场景多模态描述数据集

与第二章研究的视频描述生成任务不同，本章构建了一个以密集场景为主题的图像描述数据集 CrowdCaption，为密集场景图像标注了包含丰富细节属性信息的文本描述。与现有图像描述数据集相比，本章构建的数据集具有以下显著优势：①图像包含多种典型的密集场景，覆盖实际生活的方方面面；②文本描述标注全面多样，涵盖了大量典型的对象属性特点，包括行为、位置、着装、姿态、环境等；③文本描述标注不再局限于描述场景中单一的显著对象，而是覆盖复杂场景中的不同个体或群体。本章希望通过构建密集场景描述数据集，促进多模态密集场景理解相关领域的研究发展。本节首先介绍数据收集与标注；其次介绍质量控制的相关细节；最后对数据集进行统计分析，并与现有数据集进行比较。

3.3.1　数据收集与标注

基于现有公开图像描述数据集 MS COCO[1]，筛选出 6 204 张符合密集场景特点的图像。进一步，考虑到实际生活场景中的典型情况，如拥挤场所、聚集活动等，本数据集基于 20 个常见的真实场景，收集了 4 957 张密集场景图像。最终，整个密集场景图像描述数据集共计包含 11 161 张图像。该数据集是由数据标注工具 LabelImg① 进行标注的，如图 3-3 所示，主要包括两部分：第一部分为场景中的显著性区域位置标注，第二部分为对应于该显著性区域的详细描述。

- A woman in black coat is sitting at a table. A bald man sits beside her.

- Two men are playing the instruments. The man on the chair is playing the guitar.

- Three men with hats are sitting on the chair. A barman and a lady with a black skirt are standing beside them.

- Some people are holding cameras. They are taking photos of the beautiful scenery.

- There are a few people walking in the left. They are enjoying the beautiful scenery.

- Some people are drawing on the boards. The far right one sitting under tree wears glasses.

- There are many tourists in the distance. Some of them are watching the scenery by the river, and some are walking on the bridge.

- Two men stand around the women who are sitting. The man standing to the right of the women has a pair of sunglasses on his chest.

- A group of people have a picnic together nearby. One of them is a woman in a yellow shirt carrying a pink bag.

- There are a few women standing in the room. They are watching their children making handwork.

- There are a few children sitting in the chairs. They are making handwork.

- Many elementary school students are standing on the left. A man in a blue jacket is directing them to cross the road.

- Many children walk on the right side of the road. The little girl on the left is carrying a blue schoolbag.

- There are two female players on the court. They wear white vests and orange skirts.

- People are crowded in the stadium. They are watching a tennis match.

图 3-3　本章构建的密集场景 CrowdCaption 数据集示例

注：每张图像中标注有多个显著区域，并针对显著区域进行文本描述标注，标注中包含典型的对象属性特点，如行为、穿着、姿态等。

为了保证数据集的质量，所有文本描述需满足以下要求。

（1）紧致性：为了确保显著性区域无歧义，区域位置标注需紧密围绕目标区域。

（2）充分性：需充分描述场景中多个显著性区域，而非唯一对象或区域。

（3）多样性：对于每一个显著性区域，至少标注 2 个文本描述，以满足语言多样性的实际情况。

---

①https：//github. com/tzutalin/labelImg。

（4）属性特殊性：文本描述应具有典型的属性特点，如行为、穿着、姿态等。

（5）非歧义性：对于一些模糊的对象关系，如恋人、朋友等，无须在文本描述中进行假设性的关系推理。

（6）原则性：所有描述都需符合道德原则，禁止标注包括色情、暴力、性别和种族歧视等在内的一系列违反道德原则的内容。

3.3.2 质量控制

为了确保密集场景图像描述数据集的质量，在数据收集与标注完成后，遵循交叉检测的原则进行了一系列数据及标注检查。首先，在检查过程中需严格确认所有图像都来自公共场景，符合密集场景主题。将可能涉及身份信息、性别歧视或种族主义有关的数据进行删除，以避免个人隐私问题。其次，针对区域标注与描述标注进行检查，判断是否符合上述标注原则，对不符合要求的低质量标注，如描述不详细、位置不准确、标签匹配错误等，进行修改纠正。同时，采用 Python Language Tool 语言检查工具对描述进行语法检查，确保文本描述符合基本语法规则。上述交叉检查过程重复进行 3 次，所有存在错误的数据都将被修改，直到通过检查。

此外，本章所构建的密集场景图像描述数据集 CrowdCaption 严格遵循道德原则，仅用于学术研究，禁止商业用途。出于道德伦理考虑，所有使用该数据集的研究人员需要签署 CrowdCaption 使用条款，严格依照使用条款使用该数据集，确保隐私得到保护。并且，公开收集所有使用者的合理建议，不断更新并优化该数据集。

3.3.3 统计分析

本章所构建的 CrowdCaption 数据集共计包含 11 161 张图像、43 306 个文本描述，对应于 21 794 个显著性区域和 95 820 个单一对象，每个区域平均标注有 2 个文本描述。按照随机采样的策略，整个数据集被划分为训练集、验证集和测试集。其中，训练集包括 7 161 张图像，验证集包括 1 000 张图像，测试集包括 3 000 张图像。

为了进一步分析所构建数据集的密集场景特性，本节统计了场景中的人群数目，并与现有图像描述数据集进行统计比较，包括 MS COCO[1]、Flickr30k[150]、VisualGenome[23] 和 TextCaps[152]，见表 3-1 所列。早期的图像描述数据集，如 MS COCO 、Flickr30k 和 VisualGenome 中的图像大多为前景显著、背景简单的综合性场景图像。一些特殊的图像描述数据集，如 TextCaps，更加关注图像中的文本信息，几乎不包含具有密集场景特点的图像。与上述数据集相比，本章构建的 CrowdCaption 是一个典型的面向真实生活的密集场景数据集。该数据集中每张图像的平均人数高达 16.71，远超现有的大多数图像描述数据集。即使与数据集 Flickr30k 相比，本章所构建的 CrowdCaption 数据集具有的平均人数也是其两倍以上。

表 3-1　本章构建的 CrowdCaption 数据集与现有数据集的数据统计比较结果

数据集	图像/张	每张图像平均描述数/个	总人数/人	每张图像平均人数/人	平均描述长度/单词
MS COCO[1]	123 287	5	31 783	1.46	10
Flickr30k[150]	31 783	5	199 279	6.27	12
VisualGenome[23]	108 007	1（每个目标）	125 368	1.16	5
TextCaps[152]	28 408	5.1	—	—	12
CrowdCaption	11 161	4.4	186 500	16.71	20

此外，从表 3-1 中还可以看出，CrowdCaption 中的描述标注更加充分详细，平均描述长度超过现有的大多数图像描述数据集。CrowdCaption 中的描述标注都包含两个相互关联的句子，这种相互关联的描述包含了更多的信息，同时更符合人类的描述习惯。图 3-4（a）展示了每个描述包含的单词数目分布图，更加直观地表明了本章构建的数据集中描述标注的复杂性和挑战性。图 3-4（b）和（c）分别展示了每个显著性区域中包含的人群数目分布图以及每张图像中显著性区域数目饼状图，可以看出大多数图像包含 2 个显著性区域，少数极其密集和复杂的图像包含 4 个显著性区域，并且绝大多数区域都包含 10 个左右的人群数目。上述分析更加充分地表明本章构建的密集场景图像描述数据集 CrowdCaption 具有复杂密集的特点，十分具有挑战性。

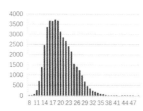

(a) 每个描述包含的单词数量　(b) 每个显著性区域中包含的人群数目　(c) 每张图像中显著性区域数目

图3-4　本章构建的密集场景图像描述数据集 CrowdCaption 的统计分析图

为了更直观、生动地说明 CrowdCaption 数据集中标注了丰富的对象属性信息，本节进一步对数据集中的描述进行了单词级分析。首先，使用 NLP 中常用的 Stanford NLP 工具分析所有描述，为每个单词进行词性标注。其次，在去除所有停止单词和出现次数少于 2 次的低频词后，根据词性类别对所有单词进行划分，将单词划分为对象单词、行为单词和状态单词。对象单词主要包括名词，行为单词主要包括动词，状态单词主要包括形容词和副词。最后，基于单词的出现频率构建了词云图，如图 3-5 所示。其中，图 3-5（a）展示了数据集整体分析结果，图 3-5（b）、（c）和（d）分别展示了典型的单词类别特性。通过观察不同类别的词云图，如图 3-5（b）中的 "man" "woman" 和 "t-shirt"，图 3-4（c）中的 "standing" "wearing" 和 "holding"，以及图 3-4（d）中的 "left" "two" 和 "white"，可以看出，本章构建的数据集涵盖了人群的行为、穿着、位置、关系等细节属性，具有典型的细粒度属性标注特点，更符合真实场景中人类的描述习惯。

(a) 整体词云图　　　　　　　　　(b) 对象词云图

(c) 行为词云图　　　　　　　　　(d) 状态词云图

图3-5　本章构建的密集场景图像描述数据集 CrowdCaption 词云图

3.4 基于多级对象属性编码的视觉描述生成方法

　　密集场景通常包含数目更多的对象，并且存在对象尺度小、相互遮挡等现象。传统的图像描述生成方法通常仅描述场景中最显著的对象，且生成的描述中容易存在细节缺失、描述粗糙等问题，难以生成属性描述充分、细节信息清晰的细粒度文本描述。为了解决上述问题，针对密集场景图像描述生成任务，本章提出了一种基于多级对象属性编码的视觉描述生成方法。该方法的核心思想在于通过提取密集场景中对象的细粒度属性特征，并且建立不同细粒度属性之间的相互关系，从而实现从视觉到文本的精细映射，生成包含丰富对象属性细节信息的文本描述。

　　如图 3-6 所示，该方法主要包括多级对象属性特征编码器、对象属性特征融合模块和语义循环更新的描述生成模型三部分。

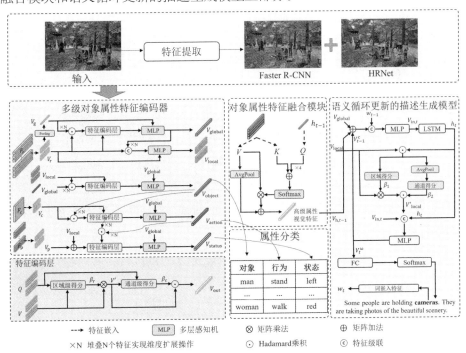

图 3-6　本章提出的多级对象属性编码的视觉描述生成方法结构图

首先，对于给定的密集场景图像，多级对象属性特征编码器能够依次提取场景中对象的不同属性特征，并同时建立不同属性之间的相互关系。其次，基于对象属性特征融合模块获得具有对象属性细节表征的高级属性视觉语义信息。最后，提出了一个语义循环更新的描述生成模型，能够基于编码阶段提取的全局环境信息、前景区域信息以及高级属性视觉语义信息逐步预测相应的单词，从而生成具有准确对象、环境内容，并包含关键属性细节的文本描述。

3.4.1 多级对象属性特征编码器

在密集场景的图像描述生成任务中，由于图像复杂密集、目标数目众多，因此网络在编码阶段难以提取细粒度的语义特征，同时也难以建立不同细粒度语义特征之间的内在关联。针对这一问题，本节基于目标属性的固有特点以及相关性，提出了多级对象属性特征编码器。该模块旨在通过构建不同属性之间的映射关系，实现层次化的细粒度语义特征编码。通过提取多级对象属性特征，本节提出的编码器能够降低语义编码的抽象性，为描述生成提供更细粒度、更具判别力的视觉语义特征。

为了充分提取图像中的关键对象信息，该模块首先利用预训练的 Faster R-CNN[21,22]检测器提取图像中的核心区域特征 F_r 和位置特征 F_p。然而，由于密集场景中存在大量的人群对象，仅利用区域特征 F_r 和位置特征 F_p 无法提供足够的、与目标群体相关的视觉信息。为了进一步提取具有目标特点的视觉信息，本章方法利用预训练的 HRNet[153]提取图像中的人体姿态特征 F_c。人体姿态特征是对现有目标检测区域特征的有力补充，因此基于两类视觉特征，能够获得更加丰富、全面的视觉信息。然后，为了更好地实现不同视觉特征之间的相互对齐，本节引入多层感知机模块（multi-layer perceptron，MLP）将上述特征映射到公共特征空间中。具体公式如下：

$$\left. \begin{array}{l} \mathrm{MLP}(\,\cdot\,) = \mathrm{LN}(\mathrm{ReLU}(\mathrm{FC}(\,\cdot\,))) \\ V_r = \mathrm{MLP}(F_r) \\ V_p = \mathrm{MLP}(F_p) \end{array} \right\} \tag{3-1}$$

式中，LN（·）表示层归一化操作，ReLU（·）表示 ReLU 激活函数，$F_r \in \mathbb{R}^{N \times 2\,048}$，$V_r \in \mathbb{R}^{N \times C}$，$F_p \in \mathbb{R}^{N \times 5}$，$V_p \in \mathbb{R}^{N \times C}$。

由于人体姿态特征更加复杂，为了提取更深层次的对象语义信息，本章方法采用三层 MLP 结构来进一步挖掘图像中复杂的人体姿态特征 V_c。具体公式如下：

$$V_c = \text{MLP}_3(\text{Flatten}(F_c)) \tag{3-2}$$

式中，$\text{MLP}_3(\cdot)$ 表示三层 MLP 结构，$\text{Flatten}(\cdot)$ 表示特征展开操作。$F_c \in \mathbb{R}^{M \times 128 \times 208}$，$V_c \in \mathbb{R}^{M \times C}$，$M$ 表示人体姿态关节点数量。

对于密集场景图像，生成高质量描述所依赖的核心信息在于全局环境信息、前景区域信息、关键对象属性信息。其中，关键对象属性信息包括对象、行为、状态。本节旨在捕捉包含上述核心语义信息的多级对象属性特征，为生成描述提供细粒度的语义特征。本节所构建的多级对象属性特征编码器，包括全局环境信息提取层、前景区域信息提取层、对象属性特征提取层、行为属性特征提取层、状态属性特征提取层。

本章方法从空间注意力机制和通道注意力机制出发构建特征提取层 $\text{FeatureLayer}(Q, V)$，以提取视觉特征 V_{out}。其中，Q 表示查询向量，V 表示数值向量。具体公式如下：

$$V_{\text{out}} = \text{FeatureLayer}(Q, V) \tag{3-3}$$

式中，$Q \in \mathbb{R}^{K \times C}$，$V \in \mathbb{R}^{K \times C}$，$V_{\text{out}} \in \mathbb{R}^{1 \times C}$。

首先，针对同一特征空间中的查询向量 Q 和数值向量 V，计算区域相关性得分 β_r。具体公式如下：

$$\left. \begin{aligned} \beta_r &= \text{Softmax}(W_{r_3}\text{Tanh}(W_{r_1}Q + W_{r_2}V)) \\ V' &= \beta_r V \end{aligned} \right\} \tag{3-4}$$

式中，$\text{Tanh}(\cdot)$ 表示 Tanh 激活函数，W_{r_1}、W_{r_2} 和 W_{r_3} 是可学习权重矩阵，$\beta_r \in \mathbb{R}^{1 \times K}$，$V' \in \mathbb{R}^{1 \times C}$。

然后，本章方法基于区域相关性得分 β_r 加权后的视觉特征 V'，进一步提取通道级相关性得分 β_c，进而实现视觉特征的增强，得到最终编码的视觉特征 V_{out}。具体公式如下：

$$\begin{aligned} \beta_c &= \text{Softmax}(W_{c_3}\text{Tanh}(W_{c_1}\text{AvgPool}(Q) + W_{c_2}V')) \\ V_{\text{out}} &= \beta_c \odot V' \end{aligned} \tag{3-5}$$

式中，W_{c_1}、W_{c_2} 和 W_{c_3} 是可学习权重矩阵，$\beta_c \in \mathbb{R}^{1 \times C}$，$V_{\text{out}} \in \mathbb{R}^{1 \times C}$，$\odot$ 表示 Hadamard 乘积，$\text{AvgPool}(\cdot)$ 表示平均池化操作。

接下来，本章方法基于所构建的特征提取层 FeatureLayer(Q, V)，构建了多级对象属性特征编码器。

（1）全局环境信息提取。首先，利用平均池化获得初始的全局特征V_g，包含图像底层的纹理信息。然后，基于初始的全局特征和区域特征来提取具有更高级语义的全局环境信息V_{global}。具体公式如下：

$$\left.\begin{aligned}
V_g &= \text{AvgPool}(V_r) \\
V_{query} &= [V_g]_{\times N} \odot V_r \\
V'_g &= \text{FeatureLayer}(V_{query}, V_r) \\
V_{global} &= \text{LN}(\text{ReLU}(\text{FC}(V'_g) + V_g))
\end{aligned}\right\} \tag{3-6}$$

式中，$V_r \in \mathbb{R}^{N \times C}$，$V_g \in \mathbb{R}^{1 \times C}$，$[\cdot]_{\times N}$表示通过堆叠 N 个特征实现维度扩展操作，$V'_g \in \mathbb{R}^{1 \times C}$，$V_{global} \in \mathbb{R}^{1 \times C}$。

（2）前景区域信息提取。基于全局环境信息 V_{global}，通过特征级联与跨维度信息交互的方式，进一步对区域特征进行增强，以获得更高级、更通用的前景区域视觉信息 V_{local}。具体公式如下：

$$\left.\begin{aligned}
V'_r &= [V_{global}]_{\times N} \cup V_r \\
V_{local} &= \text{LN}(\text{ReLU}(\text{FC}(V'_r) + V_r))
\end{aligned}\right\} \tag{3-7}$$

式中，$[\cdot]_{\times N}$表示通过堆叠 N 个特征实现维度扩展操作，$\cup$表示特征级联操作。$V'_r \in \mathbb{R}^{N \times 2C}$，$V_{local} \in \mathbb{R}^{N \times C}$。

（3）对象属性特征提取。对于对象属性特征提取层，关键对象通常由全局环境信息和前景区域信息共同决定，因此利用全局环境信息V_{global}和前景区域信息V_{local}提取对象属性特征V_{object}。具体公式如下：

$$\left.\begin{aligned}
V_{object\_query} &= [V_{global}]_{\times N} \odot V_{local} \\
V_{object\_att} &= \text{FeatureLayer}(V_{object\_query}, V_{local}) \\
V_{object} &= \text{LN}(\text{ReLU}(\text{FC}(V_{object\_att}) + V_{global}))
\end{aligned}\right\} \tag{3-8}$$

式中，$V_{object\_query} \in \mathbb{R}^{N \times C}$，$V_{object\_att} \in \mathbb{R}^{1 \times C}$，$V_{object} \in \mathbb{R}^{1 \times C}$。

（4）行为属性特征提取。由于文本描述中行为通常与对象相互关联，并且人体姿态特征包含丰富的人群行为信息，因此对于行为属性特征提取层，本章方法使用对象属性特征V_{object}和人体姿态特征V_c提取行为属性特征V_{action}。具体公式如下：

$$\left.\begin{array}{l} V_{\text{action\_query}} = [\,V_{\text{object}}\,]_{\times M} \odot V_{\text{c}} \\[2mm] V_{\text{object\_att}} = \text{FeatureLayer}(\,V_{\text{action\_query}},\ V_{\text{c}}\,) \\[2mm] V_{\text{action}} = \text{LN}(\,\text{ReLU}(\,\text{FC}(\,V_{\text{object\_att}}\,) + V_{\text{global}}\,)\,) \end{array}\right\} \qquad (3\text{-}9)$$

式中，$V_{\text{c}} \in \mathbb{R}^{M \times C}$，$V_{\text{action\_query}} \in \mathbb{R}^{M \times C}$，$V_{\text{object\_att}} \in \mathbb{R}^{1 \times C}$，$V_{\text{action}} \in \mathbb{R}^{1 \times C}$。

（5）状态属性特征提取。最后，状态属性特征提取层旨在探寻与对象和行为相关的其他状态特征，如位置、颜色和数量等。具体公式如下：

$$\left.\begin{array}{l} V_{\text{status\_query}} = V_{\text{object}} \odot V_{\text{action}} \\[2mm] V_{\text{status\_att}} = \text{FeatureLayer}(\,[\,V_{\text{status\_query}}\,]_{\times N},\ V_{\text{local}} + V_{\text{p}}\,) \\[2mm] V_{\text{status}} = \text{LN}(\,\text{ReLU}(\,\text{FC}(\,V_{\text{status\_att}}\,) + V_{\text{global}}\,)\,) \end{array}\right\} \qquad (3\text{-}10)$$

式中，$V_{\text{status\_query}} \in \mathbb{R}^{1 \times C}$，$V_{\text{status\_att}} \in \mathbb{R}^{1 \times C}$，$V_{\text{status}} \in \mathbb{R}^{1 \times C}$。

同时，该模块利用全连通层和 Softmax 函数，基于 V_{object}、V_{action} 和 V_{status} 三种属性特征，针对性地预测相应的三种属性类别标签 p_{object}、p_{action} 和 p_{status}，通过类别监督的方式增强多级属性特征的属性判别力。上述多级对象属性特征编码器捕获了全局环境信息 V_{global}、前景区域信息 V_{local} 以及关键属性信息，包括对象 V_{object}、行为 V_{action} 和状态 V_{status} 三种类型的视觉特征，为描述生成提供了丰富的细粒度视觉语义信息。

3.4.2 对象属性特征融合模块

由于描述生成阶段是时序性预测任务，通过逐步预测每一个时刻对应的单词来生成最终的句子描述，因此本节基于单词时序性预测结果提出了对象属性特征融合模块。具体地，该模块基于上一时刻单词预测的隐藏层状态 h_{t-1} 实现多级对象属性特征融合，以获得高级属性视觉特征 $V_{\text{h},t-1}$。由于高级属性视觉特征可以根据 h_{t-1} 进行动态调整，因此由多级属性特征中筛选融合得到的 $V_{\text{h},t-1}$ 包含当前时刻状态所需的属性信息。具体公式如下：

$$\left.\begin{array}{l} V = V_{\text{global}} \cup V_{\text{object}} \cup V_{\text{action}} \cup V_{\text{status}} \\[2mm] V' = [\,W_{\text{m}_1} h_{t-1}\,]_{\times 4} + W_{\text{m}_2} V \\[2mm] \alpha_{t-1} = \text{Softmax}(\,W_{\text{m}_3} V'\,) \\[2mm] V_{\text{h},t-1} = \alpha_{t-1} \cdot V + \text{AvgPool}(\,V\,) \end{array}\right\} \qquad (3\text{-}11)$$

式中，W_{m_1}、W_{m_2}和W_{m_3}是可学习权重矩阵，$[\cdot]_{\times 4}$表示通过堆叠 4 个特征实现维度扩充。$V \in \mathbb{R}^{4 \times C}$，$V' \in \mathbb{R}^{4 \times C}$，$\alpha_{t-1} \in \mathbb{R}^4$，$V_{\mathrm{h},t-1} \in \mathbb{R}^{1 \times C}$。

[3.4.3] 语义循环更新的描述生成模型

基于上述过程获得的全局环境信息V_{global}、前景区域信息V_{local}以及高级属性视觉特征$V_{\mathrm{h},t-1}$，本节提出了语义循环更新的描述生成模型，为密集场景图像生成相对应的文本描述。由于上述视觉语义特征具有不同的特点，因此该描述生成模型能够在单词预测过程中，不断迭代更新视觉文本跨模态交互特征V^{c}，以增强视觉信息在单词映射过程中的重要影响。

首先，基于上一时刻预测单词w_{t-1}、高级属性视觉特征$V_{\mathrm{h},t-1}$、全局环境信息V_{global}和上一时刻视觉文本跨模态交互特征V_{t-1}^{c}，利用 LSTM 网络实现时序性信息提取。具体公式如下：

$$
\left.\begin{aligned}
V_{\mathrm{visual},t-1} &= V_{\mathrm{h},t-1} + V_{\mathrm{global}} + V_{t-1}^{\mathrm{c}} \\
V_{\mathrm{in},t} &= \mathrm{MLP}(w_{t-1} \cup V_{\mathrm{visual},t-1}) \\
(h_t,\ c_t) &= \mathrm{LSTM}(V_{\mathrm{in},t},\ (h_{t-1},\ c_{t-1}))
\end{aligned}\right\} \tag{3-12}
$$

式中，$V_{t-1}^{\mathrm{c}} \in \mathbb{R}^{1 \times C}$，$V_{\mathrm{visual},t-1} \in \mathbb{R}^{1 \times C}$，$w_{t-1} \in \mathbb{R}^{1 \times C}$，$V_{\mathrm{in},t} \in \mathbb{R}^{1 \times 2C}$，$h_t \in \mathbb{R}^{1 \times C}$，$c_t \in \mathbb{R}^{1 \times C}$。

现有研究人员通常使用简单的多层感知机（MLP）结构直接利用 LSTM 的隐藏状态h_t来预测当前时刻单词w_t，这忽略了视觉信息在单词映射过程中的重要性。前景区域信息V_{local}中包含不同区域的丰富视觉特征，本章方法利用 LSTM 的隐藏层状态h_t对区域信息进行筛选，保留更具代表性的视觉特征V_{local}'，然后利用 MLP 基于h_t、V_{local}'和$V_{\mathrm{in},t}$构建视觉文本跨模态交互特征V_t^{c}。具体公式如下：

$$
\left.\begin{aligned}
V' &= \mathrm{ReLU}(W_{w_1}[h_t]_{\times N} \odot W_{w_2} V_{\mathrm{local}}) \\
\gamma_1 &= \mathrm{Softmax}(W_{w_3} V') \\
\gamma_2 &= \mathrm{Sigmoid}(W_{w_4} \mathrm{AvgPool}(V')) \\
V_{\mathrm{local}}' &= \gamma_2 \odot (\gamma_1 V_{\mathrm{local}}) \\
V_t^{\mathrm{c}} &= \mathrm{MLP}(V_{\mathrm{local}}' \cup h_t \cup V_{\mathrm{in},t})
\end{aligned}\right\} \tag{3-13}
$$

式中，Sigmoid(·)表示 Sigmoid 激活函数，W_{w_1}、W_{w_2}、W_{w_3} 和 W_{w_4} 是可学习参数，$V' \in \mathbb{R}^{N \times C}$，$\gamma_1 \in \mathbb{R}^{1 \times N}$，$\gamma_2 \in \mathbb{R}^{1 \times C}$，$V'_{\text{local}} \in \mathbb{R}^{1 \times C}$，$V^c_t \in \mathbb{R}^{1 \times C}$。

最后，基于当前时刻视觉文本跨模态交互特征 V^c_t 进一步实现单词预测。具体公式如下：

$$P_t(w_t) = \text{Softmax}(\text{FC}(\text{Tanh}(V^c_t))) \tag{3-14}$$

式中，$P_t(w_t)$ 是 t 时刻单词预测的概率值。

3.4.4 损失函数

本章方法采用两阶段的训练策略。在第一阶段，与第二章类似，对于描述生成任务，采用交叉熵损失函数来约束描述生成。具体公式如下：

$$\mathcal{L}_w = -\sum_{t=1}^{T} \log P_t(w_t) \tag{3-15}$$

对于属性类别预测任务，采用二元交叉熵（binary cross-entropy，BCE）损失函数来监督属性标签的学习。具体公式如下：

$$\mathcal{L}_c = -\sum_i \mathcal{L}_{\text{BCE}}(p_i, C_i) \tag{3-16}$$

式中，$i \in \{\text{object}, \text{action}, \text{status}\}$，$C_i$ 是属性 i 的真实值。

最终，第一阶段本章方法的整体损失函数定义如下：

$$\mathcal{L}_1 = \mathcal{L}_w + \beta \cdot \mathcal{L}_c \tag{3-17}$$

式中，β 用于平衡训练期间描述生成和属性类别预测的相互影响。

由于图像描述生成任务的评价指标与交叉熵损失函数约束存在偏差，因此在第二阶段，进一步基于强化学习策略，将 CIDEr 得分作为奖励学习机制，进行网络二次优化，将进一步提高网络生成描述的质量。具体强化学习损失函数如下：

$$\mathcal{L}_2 = -E_{1:T}(\text{CIDEr}(w_{1:T})) \tag{3-18}$$

式中，$E_{1:T}(·)$ 表示预测每个单词得分的期望值。

3.5 实验结果的分析与讨论

本节基于提出的密集场景数据集 CrowdCaption 对现有图像描述生成方法和本章方法进行了大量的实验验证，以验证本章方法的有效性。实验部分组织如下：首先介绍实验的相关细节；其次，分别展示本章方法的客观性能和主观结果，并与现有方法进行分析比较；最后，讨论了本章方法所提出的不同模块和设置对实验结果的影响。

3.5.1 实验设置

在视觉特征预处理阶段，利用预训练的 Faster R-CNN[21,22] 目标检测器为每个密集人群场景图像提取 36 个区域视觉特征 F_r 和位置信息 F_p。其中，F_r 的通道维度为 2 048；F_p 结构为 $[x, y, w, h, score]$，表示每个区域的左上角坐标、宽、高以及置信度分数。考虑到密集场景中人群对象特殊性，进一步利用预训练的 HRNet[153] 提取人体姿态特征谱 F_c，以获得丰富的人体关节点信息。其中，人体姿态估计特征谱中的关节点数量 M 为 34，不同关节点部位的特征谱尺寸大小为 128×208，$F_c \in \mathbb{R}^{34 \times 128 \times 208}$。

在文本数据预处理阶段，删除了所有出现次数少于 2 次的低频词和停用词，最终保留 2 660 个单词作为单词列表。通过词性解析工具对对象、行为、状态三种不同属性类别进行统计，类别数分别为 284、464 和 1 862。此外，通过对 CrowdCaption 中的描述标注进行统计分析，最大预测句子长度设置为 50 个单词。在复现其他现有图像描述生成方法在 CrowdCaption 中的实验结果时，所有网络参数与原作者设定保持一致，如 LSTM 隐藏层维度和特征嵌入层的维度，仅针对与数据集相关的参数设置进行修改，如单词预测中词汇表的大小和预测句子长度设置等。

本章所有实验均基于 Pytorch 深度学习框架和 X-modaler 多模态工具箱[154]

完成。本章的基线方法为最经典的图像描述生成方法 Up-Down[22]。视觉特征的嵌入维度以及 LSTM 的隐藏层维度均设置为 1 024。此外，单词的嵌入维度设置为 512，损失函数中的平衡参数 β 设置为 0.2。本章方法采用两阶段训练测试，基于 Adam[139] 优化器进行优化，并引入预热机制（warm-up）对前 1 000 个数据进行预热。其中，第一训练阶段使用交叉熵损失进行优化，共迭代 80 个周期（epoch），初始学习率设置为 5×10^{-4}；第二训练阶段使用强化学习损失进行优化，共迭代 40 个周期，初始学习率设置为 5×10^{-5}。在网络训练时，学习率采用等间隔线性下降策略，每 3 个迭代周期，学习率下降 $\frac{1}{10}$。在网络推理时，采用波束搜索（beam search）单词预测方法，波束大小设置为 3。

与第二章类似，本章采用 BLEU@1-4（B@1-4）[132]、METEOR（M）[133]、ROUGE-L（R）[134] 和 CIDEr（C）[135] 作为评价指标，以评估生成描述的质量。

3.5.2 客观性能比较

表 3-2 展示了在交叉熵约束监督下，本章方法与现有经典开源图像描述生成方法在 CrowdCaption 数据集上的描述性能比较结果。为了进行公平的比较，本章在 CrowdCaption 数据集上，对现有方法进行了相关实验复现，并进一步在相同的强化学习奖励监督下进行实验，相关实验结果展示在表 3-3 中。

表 3-2　本章方法与现有方法在交叉熵约束下的描述性能比较结果

方法	B@4/%	M/%	R/%	C/%
Show, attend and tell[10]	26.98	20.78	42.97	56.51
ConceptualCaptions[39]	27.64	20.80	42.71	58.66
Up-Down[22]	27.78	21.34	43.44	58.68
Meshed-Memory[26]	28.32	21.28	43.18	59.22
AoAnet[25]	28.04	21.79	43.69	61.37
X-LAN[155]	28.91	21.75	43.89	62.07
本章方法	29.76	22.44	45.34	64.82

表3-3　本章方法与现有方法在强化学习约束下的描述性能比较结果

方法	B@4/%	M/%	R/%	C/%
Show, attend and tell[10]	28.29	21.47	44.71	61.78
ConceptualCaptions[39]	28.36	21.36	43.58	63.22
Up-Down[22]	29.70	22.01	45.04	64.79
Meshed-Memory[26]	29.33	21.55	43.74	63.89
AoAnet[25]	29.11	21.73	44.44	65.01
X-LAN[155]	29.59	22.06	44.69	66.07
本章方法	30.14	22.26	45.61	69.32

从表3-2和表3-3中可以直观看出，虽然近年来提出的图像描述生成方法在简单场景上取得了很好的效果，但它们仍然无法在密集场景上生成高质量的描述。作为经典的图像描述生成方法，Up-Down[22]和AoANet[25]并未在密集场景描述中取得良好的结果，特别是在ROUGE-L和CIDEr评价指标上。虽然强化学习奖励监督带来了一定的性能提升，但是仍然无法适应对象复杂、更具挑战性的密集场景。本章也在目前先进的图像描述生成方法X-LAN[155]上进行了实验。该方法采用了更加复杂的三层X-Linear注意力模块，但是在密集场景中仍然没有得到很大的改进。其主要原因是该方法仅利用视觉语义编码器编码整个图像特征和区域视觉特征，而忽略了不同对象以及对象属性之间的特殊性和关联性。因此，在更复杂的密集场景上，容易存在语义特征模糊、表征能力不足的问题，从而导致生成描述效果不佳。

上述实验结果同时验证了本章所构建的密集场景图像描述数据集 Crowd-Caption 是更具挑战性的，并在本章进一步探索了密集场景中的图像描述生成方法。可以看出，本章提出的基于多级对象属性编码的视觉描述生成方法在交叉熵约束监督和强化学习奖励监督下均超过了目前所有先进的图像描述生成方法：在交叉熵约束监督下，BLEU@4、METEOR、ROUGE-L 和 CIDEr 分别达到了29.76%、22.44%、45.34%和64.82%；在强化学习奖励监督下，BLEU@4、METEOR、ROUGE-L 和 CIDEr 分别达到了 30.14%、22.26%、45.61%和69.32%。相比现有方法中表现最佳的 X-LAN[155]，本章方法在两种监督约束下所有评价指标均实现了显著提升，在关键评价指标 CIDEr 上分别提升了 2.75%和 3.25%。实验结果验证了本章方法的有效性。

(3.5.3) 主观结果分析

图 3-7 展示了本章方法在 CrowdCaption 数据集中不同典型密集场景下的主观结果图，主观结果表明本章方法可以生成具有准确的环境信息、包含对象细节信息的文本描述。例如对于图 3-7（a），本章方法不仅描述出了"walking on the street"，并进一步描述出了更加具体的行为"crossing the road"。在更具挑战性的图 3-7（b）中，尽管目标尺度小且十分模糊，本章方法仍然成功地描述了海滩上最关键的目标人群、伞以及人群在伞下的状态关系。然而，Up-Down[22]仅成功描述了海滩，并未理解人与伞的关系。这说明了本章提出的基于多级对象属性编码的视觉描述生成方法能够通过属性编码的方式理解图像中的关键对象，而不是图像中最清晰、突出的非关键对象，如图 3-7（b）中的滑板。

此外，在图 3-7（c）和（e）中，"watching a skateboarding show"以及"accepting awards"等抽象的行为被本章方法成功地描述出来；在图 3-7（d）中，本章方法成功地描述出了"people""bed""mobile phones"以及"photos"等多个对象之间的关系；在图 3-7（f）中，"watching the tug of war"和"cheering for the tug-of-war players"是针对同一对象两种行为状态的描述，本章方法也准确地预测了同一对象的不同行为。在图 3-7（e）中，Up-Down[22]描述了讲台上人群的站立状态，却错误地描述了行为"watching the award ceremony"；在图 3-7（f）中，Up-Down[22]仅粗糙地描述了人群"watching the show"，并未真正理解人群场景中的对象及行为状态。上述结果表明本章方法能够通过构建不同属性信息之间的相互关系，推理出更加准确的行为信息并生成相应的描述。上述主观实验结果充分说明了本章方法的有效性，同时也验证了通过编码对象细粒度属性特征，并建立不同细粒度属性之间的相互关系，能够为描述生成提供高质量的语义编码信息，从而实现从视觉到文本的准确语义映射，生成包含丰富对象细节信息的文本描述。

本章方法：Many people are walking on the street. They are crossing the road.

Up-Down：Many people are walking on the street. Some of them are carrying bags.

真实值：A middle woman in a yellow t-shirt is crossing the road. A child in pink pants is following her.

(a)

本章方法：There are a lot of people on the beach. Some of them are sitting under the umbrellas.

Up-Down：There are many people on the beach. Some of them are sitting on the beach.

真实值：There is a group of people sitting on the left side of the beach. There are several large blue umbrellas above them.

(b)

本章方法：A group of people are standing behind the railing. They are watching a skateboarding show.

Up-Down：A man is playing skateboard . He wears a white t-shirt.

真实值：Some people are standing of sitting in the distance. They are watching the skateboard show.

(c)

本章方法：Some people are standing beside the bed. Some of them are using mobile phones to take photos.

Up-Down：A woman is sitting in the bed. A woman in front of her is passing her.

真实值：Some men and women are crowded beside the bed. Some of them are using mobile phones to take photos.

(d)

本章方法：Many students are standing on the podium. They are accepting awards.

Up-Down：Many students are standing in the classroom. They are watching the award ceremony.

真实值：Many students stand on the podium. They are accepting awards.

(e)

本章方法：There are many people watching the tug of war. They are cheering for the tug-of-war players.

Up-Down：There are many people in the distance. They are watching the show.

真实值：Many spectators stand on either side. They are cheering for the tug-of-war players.

(f)

图 3-7　本章方法与 Up-Down[22] 在 CrowdCaption 数据集上的主观结果图

3.5.4 讨论

为了验证本章方法中不同模块的有效性，本节基于所构建的 CrowdCaption 数据集，进行了一系列消融实验，主要讨论并分析了不同模块和不同实验设置对于密集场景描述性能的影响。

1. 不同模块对描述性能的影响

针对本章方法中的主要模块进行消融实验，实验结果展示在表 3-4 中。与基线方法相比，多级对象属性特征编码器带来了明显的提升，特别是 CIDEr 提高了 3.13%，这表明细粒度的对象属性特征能够极大地提高视觉语义信息的表征能力和判别性。此外，当进一步引入对象属性特征融合模块来代替简单的平均池化融合方法时，生成描述的质量得到了进一步提升，说明动态的对象属性特征融合方法与固定的无差别特征融合方法相比，能够保留更多适用于当前时刻状态的属性语义信息。同时，所提出的语义循环更新的描述生成模型，从全局环境信息 V_{global}、前景区域信息 V_{local} 以及高级属性视觉特征 $V_{h,t-1}$ 出发，不断迭代更新视觉文本跨模态交互特征，能够显著地提升视觉信息在单词预测过程中的重要影响，促进模型生成更准确的文本描述。

表 3-4   本章方法中不同模块对描述性能的影响

多级对象属性特征编码器	对象属性特征融合模块	语义循环更新的描述生成模型	B@4/%	M/%	R/%	C/%
基线方法			27.78	21.34	43.44	58.68
√			28.53	21.75	44.29	61.81
√	√		29.01	22.04	44.65	62.26
√		√	29.23	21.92	44.62	63.63
√	√	√	29.76	22.44	45.34	64.82

2. 不同视觉特征对描述性能的影响

为了探究不同视觉特征对密集场景描述生成的重要影响，本节进一步针对区域特征 F_r、位置特征 F_p 和人体姿态特征 F_c 进行了充分的消融实验，见表 3-5 所列。可以看出，增加位置信息 F_p 能够带来微小的改进，这是因为位置信息能够细化区域特征，但是并未引入更多的视觉对象信息。补充人体姿态特征F_c，生成描述的质量在所有评价指标上都得到了明显的提升，尤其是在BLEU@4和CIDEr上。性能的显著提升表明，人体姿态特征F_c包含了更多区域特征所不具备的对象信息，能够在视觉语义编码过程中促进视觉特征在属性表征方面的增强，帮助网络学习更多与对象属性相关的视觉语义信息，从而提升生成描述在细节方面的表现。

表3-5　本章方法中不同视觉特征对描述性能的影响

视觉特征	B@4/%	M/%	R/%	C/%
F_r	28.64	21.87	44.61	62.71
$F_r + F_c$	28.98	21.95	44.64	63.69
$F_r + F_p$	28.78	22.05	44.69	63.35
$F_r + F_p + F_c$	29.76	22.44	45.34	64.82

3. 对象属性特征细粒度程度对描述性能的影响

为了研究多级属性特征的细粒度程度对描述性能的影响，本节针对多级对象属性特征编码器中对象属性级数进行消融实验，见表3-6所列。随着对象属性级数的增加，多级属性特征的语义表征能力更强，模型可以生成更高质量的文本描述。这也说明，多级特征提取的结构可以帮助网络学习更深层次的视觉信息，同时结合属性类别预测监督，能够增强视觉信息的属性判别力，从而为描述生成提供更多样的属性语义特征，生成包含属性细节信息的文本描述。

表3-6　本章方法中对象属性特征细粒度程度对描述性能的影响

属性级数	B@4/%	M/%	R/%	C/%
1	27.92	20.98	43.44	61.54
2	28.62	21.69	43.85	62.31
3	29.09	21.95	44.66	63.43
4	29.76	22.44	45.34	64.82

4. 损失函数平衡系数β对描述性能的影响

本节针对损失函数平衡系数β进行消融实验，综合考虑对象属性预测对图像描述生成任务的影响，将β分别设置为0.0、0.1、0.2、0.3、0.4和0.5进行实验，见表 3-7 所列。从数学角度进行分析，当 β 越大时，表示模型更关注属性预测的精度，多级对象属性特征编码器所提取的属性特征具备更强的属性判别力。当 β 设置为 0.0 时，仅使用交叉熵预测损失进行网络约束，忽略对象属性预测对特征编码过程的影响。随着 β 的不断增加，对象属性特征的有效性逐渐体现出来，而恰当的对象属性监督信息可以帮助模型预测更准确的属性单词，辅助描述生成。但是，当 β 大于 0.4 时，模型过度关注对象属性预测的精确度，忽略了描述生成的准确性。综合考虑所有评价指标，本章方法选择 β 为 0.2 作为损失函数的平衡系数。

表 3-7　本章方法中损失函数平衡系数 β 对描述性能的影响

β	B@4/%	M/%	R/%	C/%
0.0	28.69	21.89	44.11	63.04
0.1	29.18	21.79	44.51	63.40
0.2	29.76	22.44	45.34	64.82
0.3	29.58	22.02	44.72	65.61
0.4	29.25	21.96	44.71	64.37
0.5	29.11	22.05	44.68	63.02

3.6　本章小结

　　本章首次基于场景密集复杂、描述细节丰富的视觉描述数据集 CrowdCaption，设计了一种基于多级对象属性编码的视觉描述生成方法，以充分挖掘丰富的对象属性信息和关系信息，实现准确、详细的密集场景视觉描述生成。该方法利用多级对象属性特征编码器和对象属性特征融合模块，构建不同属性间的相互关系，提取具有显著性对象属性特点表征的细粒度视觉语义信息。基于编码得到的对象属性信息，设计了语义循环更新的描述生成模型预测包含准确对象、环境以及关键细节等内容的文本描述。此外，大量的统计分析展示了本章构建的 CrowdCaption 数据集的优势和难点，表明该数据集具有重要的研究价值。同时，大量的实验也验证了本章方法的有效性。最后，希望本章构建的 CrowdCaption 数据集能够促进未来密集场景视觉描述生成领域的发展。

第四章

基于对象群体解码的多视角视觉描述生成研究

4.1 引言

第二、三章重点针对视觉描述生成任务中的语义特征编码进行研究，致力于提取更具有判别性的细粒度视觉特征，涵盖对象、行为、状态、属性、关系、上下文等多个维度。这些编码特征旨在为后续解码器提供精确的视觉信息，以便将视觉语义特征解码映射至文本语义特征空间，进而实现准确的单词预测。除了确保语义特征编码的准确性和丰富性，语义特征解码作为视觉描述生成过程的核心部分，对生成内容准确、全面且包含细节信息的文本描述具有不可忽视的作用。因此，本章聚焦于实现全面而精准的语义特征解码，从而进一步提升视觉描述生成的表现。

现有的视觉描述生成方法聚焦于图像中显著的目标对象或群体，并生成相对应的文本描述。然而，实际应用场景往往十分复杂，可能包含多个值得描述的目标群体。单一的描述生成方式往往无法全面覆盖视觉场景中的所有信息，这在很大程度上限制了模型生成描述的全面性和充分性。如图4-1（a）所示，该复杂密集场景包含多个目标对象，具有典型的群体聚集特性[156]。因此，对复杂密集场景视觉描述生成任务的相关研究，除了需要关注单一而显著的目标，并对其目标属性进行详细描述之外，还应该基于不同的目标群体，全面而充分地表达视觉场景中的视觉内容。此外，从人类行为角度出发，不同的观察者即使面对相同的视觉场景，也可能因为个人观察角度的不同，产生不同的理解，从而给出不同的描述。如图 4-1（b）所示，对于同一个公园场景，不同的观察者给出了各具特色的描述。例如，观察者 1 的描述侧重于场景中远处欣赏风景的游客，观察者 2 的描述更加关注场景中正在拍照的人群，而观察者 3 的描述专注于场景中心正在画画的人。显然，从多个视角出发，基于场景中不同的目标群体展开描述，能够更全面、充分地表达视觉场景中的具体内容。

单一的显著对象描述

CrowdCaption: Some people are drawing on the boards. The far right one sitting under tree wears glasses.

复杂密集场景图像

(a) 单一的描述生成示例

多种视角

复杂密集场景图像　　　观察者1　　观察者2　　　　观察者3

本章方法

观察者1: There are a few people walking in the left. They are enjoying the beautiful scenery.

观察者2: Some people are holding cameras. They are taking photos of the beautiful scenery.

观察者3: Some people are drawing on the boards. The far right one sitting under tree wears glasses.

(b) 多视角描述生成示例

图 4-1　现有方法与本章方法在相同密集视觉场景下的描述生成结果

因此，本章针对视觉描述生成任务进行了更为深入和细粒度的探索，并提出了基于对象群体解码的多视角视觉描述生成方法（CrowdCaption + +）[157]，包括前景目标特征提取模块和群体引导的多视角描述解码器。该方法旨在定位图像场景中的多个潜在目标群体，并针对性地生成与目标群体相对应的文本描述。具体而言，本章方法首先使用多种鲁棒的主干网络进行视觉特征提取，并设计了一个双查询特征提取模块以增强视觉特征的语义相关性。在此基础上，本章方法进一步提出了前景目标特征提取模块，旨在捕捉全局视觉特征和前景目标特征，从而帮助网络更全面地理解复杂场景。这种设计能够为解码器提供具有强大表征能力的视觉信息，并在不同目标群体的定位阶段，有效忽略背景信息的影响，实现更精准的群体定位。

在解码阶段，本章方法提出了一种群体引导的多视角描述解码器来定位多个目标群体并生成相应的语言描述。由于描述生成任务通常被视为时序性单词分类问题，而群体定位任务通常属于坐标回归问题，两者在任务性质上存在差异，因此难以简单地实现双任务的联合学习。为了克服这一难题，本章方法设计了坐标离散化和坐标序列化的策略。具体而言，通过固定的离散坐标将群体位置进行离散化，并以空间相对位置将不同群体位置坐标进行序列化排列，实现了描述生成任务和群体定位任务的联合统一。本章方法能够利用预测的群体信息，引导视觉特征进行特定群体相关的视觉特征融合，进而生成相应的文本描述。该方法可以实现群体定位结果和生成文本描述的相互映射，而无须额外的对齐操作，能够极大地降低网络学习的复杂度。此外，通过手动控制群体引导信息，能够生成指定群体区域的描述，显著地增强了网络的可控性。因此，本章方法不仅能够更全面地描述视觉场景中的多个目标群体，还能够根据需求生成特定区域的文本描述。这不仅提升了视觉描述生成的全面性和准确性，还为用户提供了更为丰富和多样化的描述视角，提高了视觉描述生成模型的实用性和灵活性。

4.2 问题描述

如图 4-2 所示，与第二、三章视觉描述生成任务不同，本章致力于实现更深入、更细粒度的多视角视觉描述生成，即从多个视角出发，针对视觉场景中不同的目标群体，实现群体定位，并生成相应的文本描述。通常群体定位任务被视为回归问题，而描述生成任务被视为时序性单词分类问题，任务的差异性使得同时实现群体定位，并生成相应的文本描述十分困难。此外，复杂密集场景中的视觉信息十分多样，在群体定位时存在背景信息的干扰，这使得多视角描述更具有挑战性。为此，本章主要目的是在实现前景语义特征提取的同时，探讨如何将群体定位任务和描述生成任务统一起来，以实现准确、高效的多视角视觉描述生成。

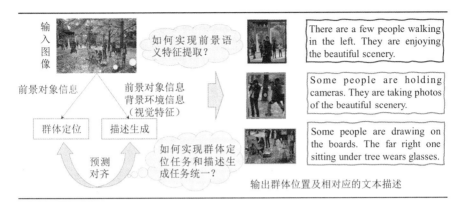

图 4-2　本章问题描述图解

4.3　基于对象群体解码的多视角视觉描述生成方法

复杂的视觉场景通常包含了数量丰富的目标，而这些目标大多存在群体特点，即相邻的目标呈现出相似的状态特性。不同的观察者对于上述场景可能存在不同的倾向性，即关注场景中不同的对象群体。因此，本章致力于实现更深入、更细粒度的多视角视觉描述生成。如图 4-3 所示，为了实现这一目标，本章提出了基于对象群体解码的多视角视觉描述生成方法（CrowdCaption＋＋），包括前景目标特征提取模块和群体引导的多视角描述解码器。与现有的图像描述生成方法不同，本章方法能够同时定位出场景中多个重要的群体区域，并为每一个群体区域生成详细的描述。本章方法能够生成准确、全面的多视角视觉描述，有效地提升了描述的充分性。

4.3.1　相关符号说明

为了更清晰、直观地介绍本章方法，本节首先定义所使用的相关符号。对于更细粒度的复杂场景多视角描述，其目标是为输入图像 I 生成多个潜在的目标群体 R 和相应的描述 CAP，其中 $R_i = [x_1^i, y_1^i, x_2^i, y_2^i]$，$CAP_i = [w_{i,1}, \cdots, w_{i,T}]$，$i \in \{0, \cdots, K\}$。$(x_1^i, y_1^i)$ 表示第 i 个目标群体的左上角坐标，(x_2^i, y_2^i) 表示第 i 个目标群体的右下角坐标。$w_{i,t}$ 是与第 i 个目标群体相对应描述中第 t 个单词。K 代表潜在目标群体的数量。T 表示描述中单词的数目。在群体定位阶段，S 表示预先设置的离散化尺度。在基于离散化尺度 S 实现目标群体坐标离散化之后，第 i 个目标群体 $R_i = [x_1^i, y_1^i, x_2^i, y_2^i]$ 将被离散化表示为 $\dot{R}_i = [\dot{x}_1^i, \dot{y}_1^i, \dot{x}_2^i, \dot{y}_2^i]$。对于目标群体序列化，将序列化列表定义为 $\dot{R} = [\dot{R}_1, \cdots, \dot{R}_K]$。$\dot{R}$ 包含 $4K$ 个坐标值。

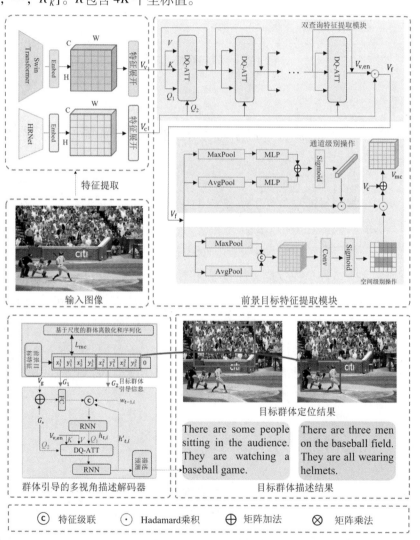

图 4-3　本章提出的基于对象群体解码的多视角视觉描述方法

4.3.2 前景目标特征提取模块

复杂场景多视角视觉描述生成的准确性极大地依赖于从图像中提取的视觉语义特征。对于输入的视觉图像 I，本章方法采用强大的 Swin-Transformer[158] 作为主干网络来提取初始网格视觉特征，并利用卷积层将其映射到公共视觉特征空间中，得到网格视觉特征 V_v。具体公式如下：

$$\left.\begin{array}{l} V'_v = \text{SwinT}(I) \\ V_v = \text{Flatten}(\text{Conv}_{1\times1}(V'_v)) \end{array}\right\} \tag{4-1}$$

式中，$\text{SwinT}(\cdot)$ 表示 Swin-Transformer 特征提取器，$\text{Conv}_{1\times1}(\cdot)$ 表示卷积核大小为 1×1 的卷积操作，$V_v \in \mathbb{R}^{(H\times W)\times C}$，$\text{Flatten}(\cdot)$ 表示特征展开操作。

与第三章类似，为了准确预测多个潜在的目标群体，本节旨在提取具有场景中对象信息的前景目标特征。本节使用预训练的 HRNet[159] 来提取初始人体姿态特征，利用卷积层进行维度调整，并映射到公共视觉特征空间中，得到人体姿态特征 V_c。具体公式如下：

$$V'_c = \text{HRNet}(I)$$
$$V''_c = \text{AvgPool}(\text{Conv}_{7\times7}(V'_c)) \tag{4-2}$$
$$V_c = \text{Flatten}(\text{Conv}_{1\times1}(V''_c))$$

式中，$\text{Conv}_{7\times7}(\cdot)$ 表示卷积核大小为 7×7 的卷积操作，$\text{AvgPool}(\cdot)$ 表示平均池化操作，$V_c \in \mathbb{R}^{(H\times W)\times C}$。

网格视觉特征 V_v 能够覆盖整个复杂的视觉场景，并包含丰富的视觉语义特征，包括目标视觉特征和环境视觉特征，这对于实现准确的描述生成是十分重要的。同时，人体姿态特征 V_c 包含典型的目标信息，有利于在复杂的人群场景中准确定位人群目标群体位置，而不受到环境信息的干扰。

1. 双查询特征提取模块

为了实现有效特征的筛选，同时提高视觉特征的表征能力，如图 4-4 所示，本节提出了一种注意力机制——双查询特征提取模块（dual-query attention，DQ-ATT）。该模块能够分别在通道维度和空间维度上考虑不同查询信息的影响。

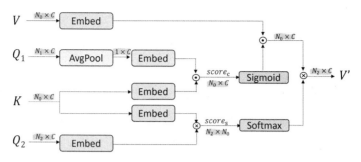

图 4-4　本章提出的双查询特征提取模块（DQ-ATT）结构图

（$N_i \times C$ 表示相应特征的维度大小）

由于特征的不同维度分别具有不同的物理含义，如空间维度表示图像中不同位置的信息，通道维度表示不同属性语义信息。因此，同一特征的不同维度通常包含不同的重要信息。对于不同的特征维度，本章方法针对性地使用不同的查询信息（Q_1 和 Q_2）分别在通道级和空间级对视觉特征进行筛选与增强，可以有效地提高视觉特征的表征能力。具体公式如下：

$$
\begin{aligned}
V' &= \text{DQ-ATT}(Q_1,\ Q_2,\ K,\ V)\\
&= score_s(\ score_c \odot V)\\
score_c &= \text{Sigmoid}(\ [\,\text{AvgPool}(Q_1)\,]_{\times N_0 \times C} \odot K)\\
score_s &= \text{Softmax}(Q_2 K^T)
\end{aligned}
\tag{4-3}
$$

式中，$[\,\cdot\,]_{\times N_0 \times C}$ 表示通过堆叠 $N_0 \times C$ 个特征实现维度扩充，$\odot$ 表示 Hadamard 乘积，$\text{Sigmoid}(\,\cdot\,)$ 表示 Sigmoid 激活函数。$K \in \mathbb{R}^{N_0 \times C}$，$V \in \mathbb{R}^{N_0 \times C}$，$Q_1 \in \mathbb{R}^{N_1 \times C}$，$Q_2 \in \mathbb{R}^{N_2 \times C}$，$\text{AvgPool}(Q_1) \in \mathbb{R}^{1 \times C}$，$score_c \in \mathbb{R}^{N_0 \times C}$，$score_s \in \mathbb{R}^{N_2 \times N_0}$，$V' \in \mathbb{R}^{N_2 \times C}$。

本章提出的方法通过串行堆叠 4 个双查询特征提取模块（DQ-ATT），进一步增强视觉特征 V_v 中的重要语义信息。具体地，使用 V_v 作为通道级查询 Q_1 来增强视觉信息在通道维度上语义信息的表征能力，使用 V_c 作为空间级查询 Q_2 来增强视觉信息在空间维度上关键区域的表征能力。通过对视觉特征进行多层编码，能够同时考虑前景对象信息和背景环境信息的影响，实现视觉语义信息的显著增强。具体公式如下：

$$
\begin{aligned}
V'_l &= \text{DQ-ATT}(V_{v,l},\ V_c,\ V_{v,l},\ V_{v,l})\\
V_{v,l+1} &= V_{v,l} + V'_l
\end{aligned}
\tag{4-4}
$$

式中，$V_{v,l}$、V_c、$V'_l \in \mathbb{R}^{(H \times W) \times C}$，$l$ 表示堆叠的第 l 个双查询特征提取模块。

此外，基于每个中间层的视觉特征$V_{v,l}$，利用多层感知机（MLP）融合增强的视觉特征，以获得增强的全局视觉特征V_g。这一融合过程可以捕捉丰富的不同层次的视觉信息。具体公式如下：

$$\left.\begin{aligned}
\text{MLP}(\,\cdot\,) &= \text{LN}(\text{ReLU}(\text{FC}(\,\cdot\,))) \\
V_g^{\text{merge}} &= \text{AvgPool}(V_{v,1} \cup \cdots \cup V_{v,4}) \\
V_g &= \text{MLP}(V_g^{\text{merge}})
\end{aligned}\right\} \tag{4-5}$$

式中，LN（·）表示层归一化操作，ReLU（·）表示 ReLU 激活函数，∪表示特征级联操作。$V_g^{\text{merge}} \in \mathbb{R}^{1 \times 4C}$，$V_g \in \mathbb{R}^{1 \times C}$。

2. 前景目标特征提取器

基于上述特征增强过程，本章方法利用最后一层双查询特征提取模块捕获的增强视觉特征$V_{v,en}$和全局视觉特征V_g进行语义解码，生成视觉场景描述。增强视觉特征$V_{v,en}$和全局视觉特征V_g对于视觉场景中丰富的前景目标信息和背景环境信息具有强大的表征能力，这些特征对描述生成至关重要。然而，对于目标群体定位，这些特征额外地包含了一些与群体定位无关的背景环境信息。因此，为了更好地定位视觉场景中潜在的目标群体，本节进一步使用V_c从$V_{v,en}$中提取前景目标特征。

具体来说，该前景目标特征提取器首先使用人体姿态特征V_c对视觉特征$V_{v,en}$中包含目标的区域特征进行增强，降低背景环境的影响，以实现初始前景目标特征融合。具体公式如下：

$$V_f = V_{v,en} \odot V_c \tag{4-6}$$

式中，$V_{v,en} \in \mathbb{R}^{(H \times W) \times C}$，$V_c \in \mathbb{R}^{(H \times W) \times C}$，$V_f \in \mathbb{R}^{(H \times W) \times C}$。

然后，基于最大值和平均值的思想，本节设计了一个简单的注意力模块实现对初始前景目标特征V_f的增强。通过分别预测空间和通道的注意力信息，可以融合目标特征中最重要的通道和区域，以增强前景对象的特征表征能力。具体公式如下：

$$\left.\begin{aligned}
S_c &= \text{Sigmoid}(\text{MLP}(\text{AvgPool}(V_f)) + \text{MLP}(\text{MaxPool}(V_f))) \\
S_s &= \text{Sigmoid}(\text{Conv}_{7 \times 7}(\text{AvgPool}(V_f) \cup \text{MaxPool}(V_f))) \\
V_{mc} &= (S_s S_c) \odot V_f + V_c
\end{aligned}\right\} \tag{4-7}$$

式中，$S_c \in \mathbb{R}^{1 \times C}$，$S_s \in \mathbb{R}^{(H \times W) \times 1}$，$S_s S_c \in \mathbb{R}^{(H \times W) \times C}$，$V_{mc} \in \mathbb{R}^{(H \times W) \times C}$，MaxPool（·）

表示最大池化操作。

前景目标特征提取器获得的前景目标特征V_{mc}有效地忽略了视觉特征中无效的背景环境信息，增强了丰富的前景目标信息，这些信息将用于目标群体解码，以实现更准确的群体定位。

4.3.3 群体引导的多视角描述解码器

多视角描述生成不仅需要定位群体的位置，还需要生成相对应的描述。然而，描述生成任务通常为时序性分类预测，群体定位任务通常为坐标回归预测，因此联合训练描述生成任务和群体定位任务十分复杂。为了实现高效的多视角描述生成，如图4-5（c）所示，本章方法设计了简单的联合解码结构，能够在无须额外操作的情况下，实现双任务预测结果的相互对齐，生成全面、准确的多视角视觉描述。

图4-5（a）和（b）展示了两种简单直接的联合解码结构，利用卷积操作从前景目标特征V_{mc}中学习不同的目标群体特征谱，并分别预测相应的目标群体和描述。图4-5（a）采用了一个简单的并行结构，尽管采用相同的视觉特征谱进行双任务预测，但并未构建目标群体和描述之间的相互关系。图4-5（b）采用串行结构通过引入目标群体对描述生成的引导作用，补充了缺失的关系信息。然而，由于缺乏对不同目标群体特征的约束，仅利用卷积操作自适应地学习不同目标群体的特征谱十分困难。为了解决上述问题，如图4-5（c）所示，本节提出了群体引导的多视角描述解码器，主要包括群体坐标离散化-序列化定位和群体引导的描述生成两部分。本章方法通过将目标群体定位和描述生成视为一个统一的序列化分类任务，使用前景目标特征V_{mc}从左到右和从上到下定位潜在的目标群体。然后，利用已预测的目标群体状态引导视觉特征V_g和$V_{v,en}$的融合，从而生成与目标群体相对应的描述。这种结构不仅极大地降低了网络的复杂性，还避免了图4-5（a）和图4-5（b）中需要预测不同目标群体特征谱的不足，并且可以在解码过程中直接实现群体定位结果和描述生成结果的对齐。

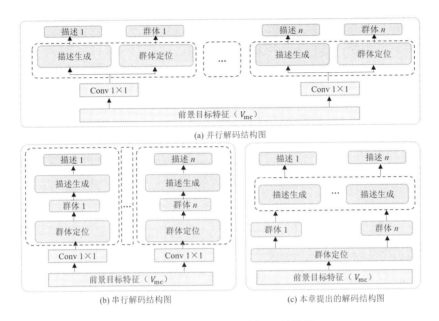

(a) 并行解码结构图

(b) 串行解码结构图　　　　　　　(c) 本章提出的解码结构图

图 4-5　多视角描述生成解码结构图

1. 群体坐标离散化-序列化定位

如图 4-6 所示，本章方法设计了坐标离散化和坐标序列化的策略，将目标群体定位任务从坐标回归预测转化为坐标分类预测，实现了该任务与描述生成任务的联合统一。

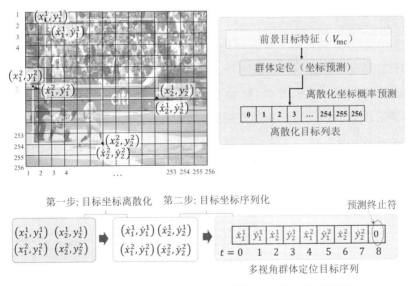

第一步: 目标坐标离散化　第二步: 目标坐标序列化

图 4-6　本章提出的群体坐标离散化-序列化定位示意图

在离散化阶段，本章方法通过预设一个离散化尺度 S，构建离散化网格坐标点。然后，目标群体位置坐标左上角 (x_1^i, y_1^i) 和右下角 (x_2^i, y_2^i) 被离散化到最近的坐标点 $(\dot{x}_1^i, \dot{y}_1^i)$ 和 $(\dot{x}_2^i, \dot{y}_2^i)$。具体离散化公式定义如下：

$$
\left.
\begin{aligned}
\dot{R}_i &= [\dot{x}_1^i, \dot{y}_1^i, \dot{x}_2^i, \dot{y}_2^i] \\
(\dot{x}_1^i, \dot{y}_1^i) &= \left(\text{round}\left(\frac{x_1^i}{W} \cdot S \right), \text{round}\left(\frac{y_1^i}{H} \cdot S \right) \right) \\
(\dot{x}_2^i, \dot{y}_2^i) &= \left(\text{round}\left(\frac{x_2^i}{W} \cdot S \right), \text{round}\left(\frac{y_2^i}{H} \cdot S \right) \right)
\end{aligned}
\right\}
\tag{4-8}
$$

式中，H 和 W 分别表示图像的高度和宽度，$\text{round}(\cdot)$ 表示四舍五入取整操作。

在序列化阶段，本章方法按照空间相对位置，将不同群体位置坐标进行序列化排列。所有目标群体按从左到右、从上到下的顺序连接，形成目标序列。对于 K 个潜在的目标群体，具体序列化公式定义如下：

$$
\begin{aligned}
\dot{R} &= [\dot{R}_1, \cdots, \dot{R}_K] \\
&= [r_1, \cdots, r_{4K}]
\end{aligned}
\tag{4-9}
$$

式中，$\dot{R}_i$ 表示第 i 个目标群体的位置坐标信息。

在离散化和序列化之后，本章方法最终的目的是逐一预测目标序列中每个离散化坐标的分类概率，作为目标群体定位结果。为了提高解码过程中离散化坐标预测的准确性，本章方法设计了双层 LSTM 解码结构，利用第一个 LSTM 学习空间性的上下文表示，然后利用第二个 LSTM 进行预测。这种双层 LSTM 的结构可以通过学习特定任务的上下文表示获得更细粒度的语义信息，进一步提升预测的准确度。第一个 LSTM 旨在学习针对特定任务的上下文表示，引导双查询特征提取模块获得细粒度的视觉信息，进而利用第二个 LSTM 进行离散化坐标值类别预测。

具体来说，首先，本章方法将前景目标特征 V_{mc}、上一时刻预测的目标群体嵌入向量 r_{t-1} 以及隐藏状态 $H'_{t-1,i}$ 送到第一个 LSTM 中，学习空间性上下文表示。具体公式如下：

$$
\left.
\begin{aligned}
V_{mc,t}^1 &= \text{AvgPool}(V_{mc}) \cup r_{t-1} \cup H'_{t-1} \\
(H_t, C_t) &= \text{LSTM}_{mc,1}(V_{mc,t}^1, (H_{t-1}, C_{t-1}))
\end{aligned}
\right\}
\tag{4-10}
$$

式中，$t \in [1, \cdots, 4K]$，K 表示潜在目标群体的数量，$4K$ 表示 K 个目标群体位置相对应的坐标预测数量。

其次，本章方法使用获得的空间性上下文表示$H_{t,i}$和前景目标特征V_{mc}，利用双查询特征提取模块进行特征微调，并使用第二个 LSTM 来进一步精确预测目标群体位置。具体公式如下：

$$
\left.\begin{aligned}
V'_{mc} &= \mathrm{AvgPool}(V_{mc}) + H_t \\
V^2_{mc,t} &= \mathrm{DQ\text{-}ATT}(V'_{mc},\ V'_{mc},\ V_{mc},\ V_{mc}) \cup H_t \\
(H'_t,\ C'_t) &= \mathrm{LSTM}_{mc,2}(V^2_{mc,t},\ (H'_{t-1},\ C'_{t-1}))
\end{aligned}\right\} \tag{4-11}
$$

式中，$V'_{mc} \in \mathbb{R}^{1 \times C}$，$V_{mc} \in \mathbb{R}^{(H \times W) \times C}$。

最后，本章方法利用一个简单的多层感知机（MLP）将输出的当前时刻目标群体隐藏层状态H'_t映射到离散化目标空间中，实现对目标群体坐标的分类预测。具体公式如下：

$$
P_{mc,t}(r_t) = \mathrm{Softmax}(\mathrm{MLP}(H'_t)) \tag{4-12}
$$

式中，$\mathrm{MLP}(\cdot)$表示多层感知机，$P_{mc,t}$是t时刻中每个离散化位置的概率得分。

2. 群体引导的描述生成

与目标群体定位类似，在描述生成阶段，本节采用双层 LSTM 结构，利用第一个 LSTM 学习特定任务的时序性上下文表示，然后引入第二个 LSTM 进行高质量预测。为了在解码阶段实现目标群体与描述的对齐，本章方法利用目标群体特征G_i来引导描述的生成，该特征由四个连续时刻的目标群体隐藏层状态H'_t融合得到。对于第i个目标群体，本节基于融合得到的目标群体特征G_i和全局视觉特征V_g，利用第一个 LSTM 学习特定任务的时序性上下文表示。具体公式如下：

$$
\left.\begin{aligned}
G_i &= \mathrm{FC}(H'_{4i+1} \cup \cdots \cup H'_{4i+4}) \\
V^1_{c,t,i} &= \mathrm{FC}(G_i \cup V_g) \cup w_{t-1,i} \cup h'_{t-1,i} \\
(h_{t,i},\ c_{t,i}) &= \mathrm{LSTM}_{c,1}(V^1_{c,t,i},\ (h_{t-1,i},\ c_{t-1,i}))
\end{aligned}\right\} \tag{4-13}
$$

式中，i表示第i个目标群体，$w_{t-1,i}$是第i个目标群体在$t-1$时刻的单词嵌入向量。

其次，本章方法利用学习到的时序性上下文表示$h_{t,i}$和目标群体特征G_i，基于双查询特征提取模块，进一步从增强后的视觉特征$V_{v,en}$中筛选出当前时刻所需的视觉表征。具体公式如下：

$$V_{c,t,i}^2 = \text{DQ-ATT}(h_{t,i}, \ G_i, \ V_{v,en}, \ V_{v,en}) \cup h_{t,i} \atop (h'_{t,i}, \ c'_{t,i}) = \text{LSTM}_{c,2}(V_{c,t,i}^2, \ (h'_{t-1,i}, \ c'_{t-1,i})) \Bigg\} \tag{4-14}$$

式中，$h_{t,i}$、$G_i \in \mathbb{R}^{1 \times C}$，$V_{v,en} \in \mathbb{R}^{(H \times W) \times C}$。

最后，基于隐藏状态$h'_{t,i}$实现单词的预测。具体公式如下：

$$P_{c,t,i}(w_{t,i}) = \text{Softmax}(\text{Tanh}(\text{FC}(h'_{t,i}))) \tag{4-15}$$

式中，$\text{Tanh}(\cdot)$表示 Tanh 激活函数，$P_{c,t,i}(w_{t,i})$是第 i 个目标群体的描述中第 t 个单词预测的概率值。

4.3.4 损失函数

本章方法在训练阶段联合训练所有提出的模块。本章采用交叉值损失来进行约束，实现目标群体定位任务和描述生成任务的联合统一。整体损失函数定义为$\mathcal{L}$，主要包括目标群体定位损失$\mathcal{L}_{mc}$和描述生成损失$\mathcal{L}_c$两部分。具体公式如下：

$$\mathcal{L} = \beta_1 \cdot \mathcal{L}_{mc} + \beta_2 \cdot \mathcal{L}_c \tag{4-16}$$

式中，β_1和β_2是平衡目标群体定位任务和描述生成任务重要性的参数。

对于目标群体定位损失$\mathcal{L}_{mc}$，与传统检测方法常用的 GIoU 损失[160]进行群体区域回归约束不同，本章方法根据预设的尺度 S 离散化目标群体坐标，并使用空间序列分类预测的思想进行类别损失约束。具体公式如下：

$$\mathcal{L}_{mc} = -\sum_{t=1}^{4K} \log P_{mc,t}(r_t) \tag{4-17}$$

式中，K 表示潜在目标群体的数量，$4K$ 表示 K 个目标群体位置的预测数量。

类似地，对于描述生成损失$\mathcal{L}_c$，采用交叉熵损失进行约束。具体公式如下：

$$\mathcal{L}_c = -\sum_{i=1}^{K} \sum_{t=1}^{T} \log P_{c,t,i}(w_{t,i}) \tag{4-18}$$

式中，T 表示单个目标群体描述的最大单词数目，K 表示潜在目标群体的数量。

4.4 实验结果的分析与讨论

本节在第三章所构建的数据集 CrowdCaption[151]上进行了大量的实验研究，以验证本章方法的有效性。实验部分组织如下：首先，介绍实验的数据集、评价指标、相关细节等基本实验设置；其次，展示本章方法与现有方法的分析比较结果，包括客观性能比较和主观结果分析；最后，讨论了本章方法所提出的不同模块和设置对实验结果的影响。

4.4.1 实验设置

1. 数据集

CrowdCaption[151]数据集是最新提出的一个关注复杂密集人群场景的图像描述数据集。它包括 11 161 张真实世界人群场景的图像，共计标注了 21 794 个人群群体位置和 43 306 个相对应的文本描述。其中，每个人群群体平均标注有 2 个描述，平均描述长度为 23 个单词。CrowdCaption 数据集包含了现实世界中许多密集而复杂的人群场景，每张图像平均人数高达 16.71。复杂的人群场景和详细的文本描述使得该数据集极具挑战性。在该数据集中，所有图像被随机划分为训练集、验证集和测试集，分别包括 7 161、1 000 和 3 000 张图像。

2. 评价指标

对于更细粒度的多视角视觉描述生成任务，需同时考虑目标群体定位的准确性和生成描述的质量。在实际场景中，观察者在观察一张图像时，通常会将视角关注在最感兴趣的一点上，然后进一步观察以该视角点为中心的相关区域。因此，对于目标群体定位的准确性，本章方法同时评估目标群体的中心点和区域位置准确性。类似于现有目标检测任务，基于召回率（Rec.）和准确率（Pre.）来评估目标群体的位置，将交并比（intersection over union，IoU）阈值设置为 50%。TP 定义为交并比大于或等于 50% 的预测目标群体个数。FP 定义为没有匹配到真实目标群体的预测目标群体个数。FN 定义为没有被正确预测的真实目标群体个数。具体公式如下：

$$\left.\begin{array}{l} \text{Rec.} = \dfrac{\text{TP}}{\text{TP} + \text{FN}} \\[3mm] \text{Pre.} = \dfrac{\text{TP}}{\text{TP} + \text{FP}} \\[3mm] \text{IoU} = \dfrac{\left|\text{R}' \cap \text{R}\right|}{\left|\text{R}' \cup \text{R}\right|} \end{array}\right\} \tag{4-19}$$

式中，R′是预测目标群体区域，R 是真实目标群体区域，∩表示交集，∪表示并集。

类似地，为了评估目标群体中心点，使用预测目标群体中心点和真实目标群体中心点之间的相对距离 D 作为判定标准计算召回率（Rec.）和准确率（Pre.），距离阈值设置为 25%。具体公式如下：

$$D = \frac{\left|\Delta x\right|}{W} + \frac{\left|\Delta y\right|}{H} \tag{4-20}$$

式中，Δx 和 Δy 是预测目标群体中心点坐标和真实目标群体中心点坐标的偏移量，W 和 H 分别表示图像的宽度和高度。

对于衡量生成描述的质量，与第二、三章相同，本章使用包括 BLEU@ 1-4（B@1-4）[132]、METEOR（M）[133]、ROUGE-L（R）[134] 和 CIDEr（C）[135] 在内的四个评价指标对生成的描述进行评估。上述指标均与目标群体预测的准确性和生成描述的质量呈正相关。

3. 实验细节

对于输入图像，本章方法采用更加强大的 Swin-Transformer[158] 作为主干网络来提取视觉特征 V_v。与 CrowdCaption[151] 相同，本章方法进一步使用 HRNet[159] 来提取人体姿态特征 V_c。视觉特征 V_v 特征维度为 $\mathbb{R}^{12 \times 12 \times 1\,024}$，人体姿态特征 V_c 特征维度为 $\mathbb{R}^{12 \times 12 \times 1\,024}$。对于目标群体定位，本章方法根据固定的尺度 S 离散化所有目标群体坐标信息，并将离散化尺度 S 设置为 256。然后，基于离散化尺度 S 构建等间隔类别标签 [0, 1, 2, …, 255, 256]，作为群体预测目标列表，其中 "0" 是结束符号。当预测到结束符号 "0" 时，表示已经预测了视觉场景中所有潜在的目标群体。对于描述生成过程，本章方法与第二、三章相同，删除所有停止词和标点符号以及出现次数少于 5 次的低频词，获得最终单词预测的目标词汇表。最终，目标词汇表的大小为 2 660，最大预测描述长度为 50 个单词。群体预测目标表大小为 257，最大预测群体个数 K 为 4。在推理阶段，采用波束搜索单词预测方法，波束大小设置为 3。

对于基线方法，类似于经典的图像描述方法 Up-Down[22]，采用具有自注意的两个独立 LSTM 作为解码器来分别预测目标群体和生成相对应的描述。本章所有实验均基于 Pytorch 深度学习框架和 X-modaler 多模态工具箱[154]完成。对于前景目标特征编码器，特征嵌入维度和单词嵌入维度均设置为 1 024，并使用四层双查询特征提取模块来实现特征增强。对于群体引导的描述解码器，隐藏层特征维度设置为 1 024。在训练阶段，初始学习率为 5×10^{-4}，优化器为具有预热机制的 Adam 优化器，预热次数设置为 1 000，迭代周期为 80。损失函数的平衡参数 β_1 和 β_2 分别设置为 1.0 和 10.0。对于客观实验中图像级场景描述和群体级场景描述，分别给出整个图像范围和所有目标群体真实范围作为先验信息。

4.4.2 客观性能比较

为了更加直观地与最先进的方法进行比较并验证本章方法的有效性，本节分别展示了基于图像级的常规视觉描述生成性能和多视角视觉描述生成性能。表 4-1 展示了在交叉熵约束监督下，本章方法与现有方法在常规视觉描述生成任务上的性能比较结果。可以看出，在给定整个图像范围作为群体控制信息的条件下，本章方法在常规视觉描述生成任务上，所有评价指标均超过了现有方法。

表 4-1   本章方法与现有方法在 CrowdCaption 数据集上的
常规视觉描述生成性能比较结果

方法	B@4/%	M/%	R/%	C/%
Show，attend and tell[10]	26.98	20.78	42.97	56.51
ConceptualCaptions[39]	27.64	20.80	42.71	58.66
Up-Down[22]	27.78	21.34	43.44	58.68
Meshed-Memory[26]	28.32	21.28	43.18	59.22
X-LAN[155]	28.91	21.75	43.89	62.07
CrowdCaption[151]	29.76	22.44	45.34	64.82
本章方法	32.04	23.51	49.80	69.50

进一步，为了更好地评估针对不同目标群体的描述生成能力，本节在具有给定目标群体真实标注作为先验信息的条件下，对本章方法和现有的经典图像描述方法，包括 Show，attend and tell[10]、Up-Down[22]、ConceptualCaptions[39]、Meshed-Memory[26]、X-LAN[155]和 CrowdCaption[151]，进行了群体定位信息已知条件下的多视角视觉描述研究，实验结果见表 4-2 所列。

表 4-2　本章方法与现有方法在 CrowdCaption 数据集上的
多视角视觉描述生成性能比较结果

方法	B@4/%	M/%	R/%	C/%
Show，attend and tell[10]	23.46	20.90	42.29	82.31
ConceptualCaptions[39]	23.65	20.63	41.05	85.99
Up-Down[22]	23.92	20.97	42.33	87.26
Meshed-Memory[26]	24.04	21.05	41.52	88.52
X-LAN[155]	24.72	21.52	42.93	89.80
CrowdCaption[151]	25.20	21.74	43.13	93.60
本章方法	26.50	22.21	47.37	97.00

可以直观地看出，在群体标注已知的情况下，现有的图像描述生成方法可以针对给定群体标注区域进行视觉描述生成。尤其是最新的 CrowdCaption[151]，在关键评价指标 CIDEr 上达到了 93.6%。本章方法在给定群体控制信号（如整张图像、指定群体区域）的条件下，与现有方法相比均取得了更好的结果。这是因为本章方法综合考虑了不同控制信号对于前景目标、群体关系以及环境信息的重要影响，并且通过堆叠多个双查询特征提取模块，使用特定的目标群体信息作为查询来指导视觉特征的提取和融合，极大地增强了视觉特征对特定目标群体的表征能力，同时保留了背景信息进行描述解码，使得生成的描述更加准确。

为了探索针对复杂场景的细粒度理解与描述生成，在没有给定目标群体信息作为先验知识的情况下，本节进一步进行了多视角视觉描述生成实验，实验结果展示在表 4-3 中。可以看出，本章方法能自适应地定位并描述多个潜在的目标群体，甚至与给定群体定位先验信息的部分图像描述方法相比，仍然在描述生成上展示出了优异的性能，更多的实验结果和分析将在消融实验中展示。

表 4-3　本章方法在 CrowdCaption 数据集上的多视角视觉描述性能展示

方法	群体区域定位		群体中心点定位		描述生成	
	Pre. /%	Rec. /%	Pre. /%	Rec. /%	M/%	C/%
基线方法	32. 30	29. 79	69. 47	65. 15	20. 77	85. 94
本章方法	36. 86	35. 38	75. 03	72. 09	21. 03	89. 75

4.4.3　主观结果分析

图 4-7 展示了本章方法在典型的复杂场景下多视角视觉描述生成表现。可以看出，图 4-7 中的主观结果更加直观地展示了本章方法能够更加充分地理解图像中的场景，预测出场景中重要的目标群体位置，并针对性地生成包含丰富细节信息的详细描述。

输入　　　　　　输出

本章方法 (左)：A lot of people are sitting in the stands. They are watching a baseball game.

真实值 (左)：There are some people sitting in the audience. They are watching a baseball game.

本章方法 (右)：There are three men on the baseball field. They are playing a baseball game.

真实值 (右)：There are three men on the baseball field. They are all wearing helmets.　　　(a)

输入　　　　　　输出

本章方法 (左)：A man is jumping in the air. He is jumping a skateboard.

真实值 (左)：A man in a hat is in the air. He is skateboarding.

本章方法 (右)：A group of people are sitting on the beach. They are enjoying the sunshine.

真实值 (右)：A lot of people is in the distance. They are enjoying the sunny beach.　　　(b)

输入　　　　　　输出

本章方法 (左)：Many people stand at the left. They are watching the people in front playing games.

真实值 (左)：Some people are standing in the left. They are talking in groups.

本章方法 (中)：Both women wear white tops. The woman on the right is holding a black camera.

真实值 (中)：There are some women looking at the women playing video game. They all wear white shirt.

本章方法 (右)：The two women wave their bodies. They have a great time playing games.

真实值 (右)：Two women are playing video game. Each of them holds a game controller.　　　(c)

输入　　　　　　输出

本章方法 (左)：There are many people on the left. In the distance is a girl holding a child.

真实值 (左)：A woman is holding a child in the distance. There is a photographer near them.

本章方法 (中)：There is a woman bending over in the distance. There is a girl in front of it.

真实值 (中)：There is a girl at the dinner table in the distance. Behind her is a woman in a white and blue patterned skirt.

本章方法 (右)：There is a man and a girl on the right. The man has short hair.

真实值 (右)：A girl is standing at the table on the right. There is a man behind her.　　　(d)

图 4-7　本章方法在 CrowdCaption 数据集上多视角描述主观结果图

例如图 4-7（a）中，本章方法准确地定位出了观众和运动员，并成功描述了运动类型"baseball"和运动员的具体人数"three men"，同时也准确地描述了观众在看台上的位置"in the stand"和行为"watching a baseball game"。图 4-7（b）由于背景模糊而更加困难。小而模糊的目标群体和显著的单个目标，对模型的图像理解能力提出了更高的要求。可以清楚地观察到，本章方法成功地实现了目标群体定位，并且生成的描述，如"sitting on the beach"和"enjoying the sunshine"，甚至比人工注释的真实值更加准确。即使对于图 4-7（c）和（d）两个更加困难的图像场景，本章方法也成功地描述了场景中存在的三个目标群体。这些可视化结果表明本章提出的方法 CrowdCaption＋＋能够全面地理解复杂场景中不同的目标群体，充分说明了本章方法的有效性。

此外，图 4-8 也展示了一些失败案例。尽管本章方法成功地定位和描述了大多数目标群体，实现了细粒度的多视角场景解析，但一些具有严重遮挡的目标群体没有被成功预测，例如图 4-8（a）中的群体 3（真实值区域 3）和图 4-8（b）中的群体 1（真实值区域 1）。此外，如图 4-8 中虚线注释的单词所示，对于具有轻微遮挡的目标群体，群体中的一些细节也存在描述错误的现象，如颜色、性别等。可以看出，复杂场景多视角视觉描述仍然面临着极大挑战。如何在存在严重遮挡等困难情况下，针对复杂密集场景生成更准确、更详细的视觉描述，在未来值得进一步探索与研究。

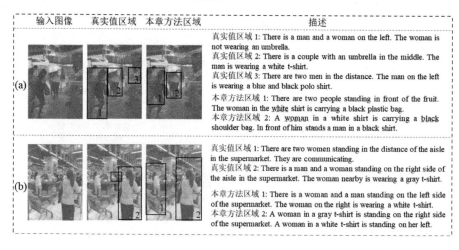

图 4-8　本章方法在 CrowdCaption 数据集上多视角描述失败案例展示

4.4.4 讨论

为了充分验证本章方法CrowdCaption++的有效性，本节针对所提出的重要模块和一些关键参数进行了大量的消融实验。

1. 不同模块对多视角视觉描述性能的影响

表4-4 展示了前景目标特征提取模块和群体引导的多视角描述解码器对多视角群体定位和描述生成性能的影响。可以看出，前景目标特征提取模块通过增强视觉语义信息，同时提取前景目标特征，可以帮助网络更好地定位潜在的目标群体。目标群体区域准确率和中心点准确率分别提高了2.93%和4.59%，这充分说明了前景目标特征在群体预测中的重要程度。此外，增强视觉语义信息也可以为描述生成阶段提供高级的视觉特征，使得生成描述的CIDEr指标提高了1.82%。群体引导的多视角描述解码器使用前景目标特征来定位目标群体，并使用定位的目标群体信息来引导视觉特征融合，为生成详细描述提供丰富的语义信息。此外，双层LSTM的预测结构，能够分别获得空间序列上下文信息和时间序列上下文信息，帮助筛选当前时刻所需的前景信息和整体视觉信息，在群体目标定位和描述生成的所有评估指标上带来了巨大的提升。以上实验结果也验证了本章方法在细粒度多视角描述生成上的有效性。

表4-4　本章方法中不同模块对多视角视觉描述性能的影响

模块	群体区域定位		群体中心点定位		描述生成	
	Pre. /%	Rec. /%	Pre. /%	Rec. /%	M/%	C/%
基线方法	32.30	29.79	69.47	65.15	20.77	85.94
+前景目标特征提取模块	35.23	34.88	74.06	70.56	20.84	87.76
+群体引导的多视角描述解码器	36.10	35.04	74.57	71.22	20.91	88.26
本章方法	36.86	35.38	75.03	72.09	21.03	89.75

2. 离散化尺度对多视角视觉描述性能的影响

表4-5 展示了不同离散化尺度 S 对多视角群体定位和描述生成性能的影响。考虑到图像大小和分类预测的复杂性，本节将离散化尺度 S 设置为128、256和

512。实验结果表明，当离散化尺度 S 设置为 128 时，过小的尺度使得分类过于粗糙，导致目标群体预测结果较差；当离散化尺度 S 设置为 512 时，过大的尺度使得分类预测任务变得困难，并增加了网络的复杂度。本章方法将离散化尺度 S 设置为 256，取得了最佳表现。

表 4-5　本章方法中离散化尺度对多视角视觉描述性能的影响

S	群体区域定位		群体中心点定位		描述生成	
	Pre. /%	Rec. /%	Pre. /%	Rec. /%	M/%	C/%
128	35.36	34.00	73.59	71.08	20.96	88.88
256	36.86	35.38	75.03	72.09	21.03	89.75
512	32.77	31.58	73.30	71.36	20.92	89.16

3. 损失函数平衡系数对多视角视觉描述性能的影响

表 4-6 展示了本章方法设计的损失函数中，不同平衡系数对多视角群体定位和描述生成性能的影响。可以看出，当目标群体定位的权重 β_1 为 1.0，描述生成权重 β_2 为 10.0 时，网络具有最佳的性能表现。此外，从表 4-6 中还可以观察到，当过多地关注目标群体定位时，生成描述的质量会显著下降，这是因为相比于简短的空间序列预测，更长的时序性描述预测难度更大。在本章方法中，损失函数平衡系数 β_1 和 β_2 分别设置为 1.0 和 10.0。

表 4-6　本章方法中损失函数平衡系数对多视角视觉描述性能的影响

β_1	β_2	群体区域定位		群体中心点定位		描述生成	
		Pre. /%	Rec. /%	Pre. /%	Rec. /%	M/%	C/%
1.0	1.0	32.95	31.30	73.37	70.01	20.64	86.04
1.0	5.0	34.37	32.99	73.90	71.19	20.82	87.90
1.0	10.0	36.86	35.38	75.03	72.09	21.03	89.75
5.0	1.0	36.02	26.94	75.39	60.83	18.4	51.78
10.0	1.0	37.84	27.09	75.95	59.40	17.94	50.79

4. 双查询特征提取模块层数对多视角视觉描述性能的影响

表 4-7 展示了前景目标特征提取阶段，本章方法中双查询特征提取模块层数对多视角群体定位和描述生成性能的影响。可以看出，随着双查询特征提取

模块堆叠层数的增加，目标群体定位性能和生成描述的质量都有显著的提升。这是由于更深的网络结构能够挖掘更丰富的视觉语义特征，不仅可以帮助网络学习更精确的前景目标特征，还可以为描述生成提供更多细粒度的视觉细节信息。本章方法最终堆叠了四个串行双查询特征提取模块进行视觉特征增强。

表 4-7　本章方法中双查询特征提取模块层数对多视角视觉描述性能的影响

层数	群体区域定位		群体中心点定位		描述生成	
	Pre. /%	Rec. /%	Pre. /%	Rec. /%	M/%	C/%
1	35.32	34.05	74.11	71.29	20.81	87.61
2	36.09	34.73	74.56	71.84	20.92	88.83
3	36.51	35.04	74.88	71.57	20.99	89.06
4	36.86	35.38	75.03	72.09	21.03	89.75

5. 双层 LSTM 解码结构对多视角视觉描述性能的影响

表 4-8 和表 4-9 分别从目标群体定位和描述生成两个方面，展示了双层 LSTM 解码结构对于多视角描述生成结果的影响。可以看出，双层 LSTM 结构显著提高了目标群体定位的准确性和生成描述的质量，实验结果验证了这一双层结构的有效性。特别是在表 4-8 中，当使用双层结构进行目标群体定位时，生成描述的质量也得到了提高。这归因于更好的目标群体信息可以帮助获得更适合描述生成的细粒度视觉语义特征。该实验结果也同时验证了在双层结构中引入双查询特征提取模块对于优化细粒度视觉特征的有效性。

表 4-8　本章方法中目标群体定位 LSTM 结构对多视角视觉描述性能的影响

$LSTM_{mc}$	群体区域定位		群体中心点定位		描述生成	
	Pre. /%	Rec. /%	Pre. /%	Rec. /%	M/%	C/%
单层结构	35.70	31.12	74.82	67.67	20.70	86.66
双层结构	36.86	35.38	75.03	72.09	21.03	89.75

表 4-9　本章方法中描述生成 LSTM 结构对多视角视觉描述性能的影响

$LSTM_{c}$	群体区域定位		群体中心点定位		描述生成	
	Pre. /%	Rec. /%	Pre. /%	Rec. /%	M/%	C/%
单层结构	36.64	33.98	75.29	70.71	20.47	82.93

LSTM$_c$	群体区域定位		群体中心点定位		描述生成	
	Pre. /%	Rec. /%	Pre. /%	Rec. /%	M/%	C/%
双层结构	36.86	35.38	75.03	72.09	21.03	89.75

6. 联合解码结构对多视角视觉描述性能的影响

最后，本节针对图4-5中三种不同的联合解码结构进行了实验，实验结果见表4-10所列。可以看出，结构（a）与结构（b）在多视角群体定位和描述生成任务中表现较差，其群体区域定位准确率仅为35.46%和35.60%。这是由于在训练阶段缺乏有效的群体特征谱监督，因此只利用一个卷积层很难实现目标群体特征的有效映射。此外，结构（b）生成的视觉描述明显优于结构（a）。这也表明目标群体信息的引导，可以实现准确的视觉特征融合，以生成更好的描述。本章方法采用的联合解码结构（c），在目标群体定位和描述生成中都实现了最佳性能。该方法可以直接按固定空间顺序进行群体目标定位，而不需要学习多个独立的目标群体特征谱。在描述生成阶段，利用预测的群体目标引导视觉特征融合，可以为生成相应的描述提供更合适、更细粒度的视觉特征，从而提升任务表现。

表 4-10 本章方法中联合解码结构对多视角视觉描述性能的影响

解码器结构	群体区域定位		群体中心点定位		描述生成	
	Pre. /%	Rec. /%	Pre. /%	Rec. /%	M/%	C/%
结构（a）	35.46	29.82	73.12	70.33	19.90	83.29
结构（b）	35.60	30.41	73.46	70.21	20.51	86.22
结构（c）	36.86	35.38	75.03	72.09	21.03	89.75

4.5 本章小结

本章提出了一种基于对象群体解码的多视角视觉描述生成方法（CrowdCaption＋＋），能够为复杂密集场景实现更全面、充分的多视角视觉描述生成。该方法旨在利用前景目标特征提取模块为群体定位解码阶段提供前景目标信息，降低背景环境的干扰。同时，本章方法提出了群体引导的多视角描述解码器，利用坐标离散化和坐标序列化的策略，将群体定位任务从回归问题转化为分类问题，简单高效地实现了群体定位任务和描述生成任务的联合统一。此外，本章方法利用预测的群体信息引导视觉特征融合，从而实现在不需要进行任何额外操作的情况下，生成与预测群体相对应的文本描述。大量的实验结果分析与讨论验证了本章方法的有效性。

第五章

基于场景-对象双提示解码的视觉描述生成研究

5.1 引言

第二~四章深入探讨了视觉语义特征编码方法和多视角语义特征解码方法，特别是多视角语义特征解码方法巧妙地将群体区域信息进行离散化和序列化，成功在解码阶段实现了群体定位和描述生成的联合统一。这一创新不仅提升了视觉描述生成的细粒度程度，还有效解决了传统方法仅关注单一显著性对象导致场景理解不充分的问题。然而，除了面临语义解码不充分的问题之外，视觉特征和文本特征之间的模态语义差异同样是一个亟待解决的问题。这种模态间语义差异使得从视觉到文本的跨模态语义映射解码变得尤为困难。此外，现实世界的视觉场景复杂多变，拍摄视角、传感器分辨率、背景复杂度以及目标种类的多样性都为跨模态映射带来了额外的挑战。因此，本章针对上述难点问题开展深入研究，致力于探索如何有效缩小视觉特征和文本特征之间的模态差异，实现更加精准的语义特征解码和描述生成。

针对实际应用场景中目标种类繁多、尺度多样、背景环境复杂导致的视觉文本语义映射困难的问题，一些方法[161-166]聚焦于利用学习到的视觉特征进行多尺度采样，构建特征金字塔结构，从而捕捉不同尺度的视觉信息，避免在解码阶段因信息缺失导致的语义映射错误。如图 5-1 所示，还有一些方法[167-169]

利用多任务学习的优势，预测图像场景类别作为额外的辅助信息，旨在通过引入额外的监督信息来提升视觉文本语义解码映射的精度。上述方法在一定程度上提升了视觉描述生成的性能，但大多只是隐式地利用先验信息来指导特征融合和视觉文本语义转换。这种隐式的方式并未在视觉和文本之间建立明确的联系，因此可能会导致解码过程中某些潜在视觉对象的丢失，例如图5-1（a）中的"building"和"bridge"。与隐式的先验信息不同，构建显式的文本模态先验信息对于实现准确的视觉文本语义解码映射具有重要价值。文本模态先验信息更加简单、直接，不仅与视觉内容信息相匹配，而且与输出的描述结果均属于相同的文本模态。因此，文本模态先验信息能够建立视觉和文本之间的明确联系，对于缩小视觉文本模态间差异，生成更准确的描述至关重要。

根据上述分析，本章在尺度多样、目标复杂的图像场景中利用双提示信息进行描述生成，提出了一种基于场景-对象双提示解码的视觉描述生成方法[170]，包括对象概念提取器、多尺度双提示先验知识提取器和双提示辅助描述解码器。如图5-1（b）所示，本章方法的核心思想是利用预训练视觉语言模型[171,172]强大的视觉和语言对齐能力，构建细粒度的场景和对象提示作为文本模态中显式的先验信息，指导解码过程中的视觉文本语义映射。这些文本提示先验信息不但具有与图像相匹配的内容、与描述相匹配的模态，还额外地包含了特定的对象概念和场景信息，如"river""bridge"等，能够在视觉和文本之间建立明确的联系，提供对象及场景信息以提升语义解码的准确性。

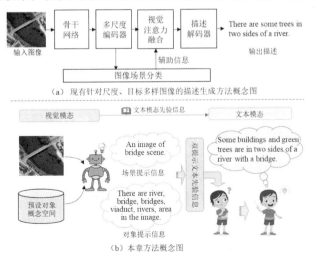

（a）现有针对尺度、目标多样图像的描述生成方法概念图

（b）本章方法概念图

图5-1　现有方法与本章方法概念对比图

一方面，对象概念提取器负责在预先设置的对象空间中挖掘潜在的对象概念，多尺度双提示先验知识提取器预测场景类别信息并学习不同尺度的细粒度视觉语义特征。另一方面，本章构建的双提示辅助描述解码器，可以利用场景和对象提示语义特征作为显式连接，来辅助解码器实现从视觉到文本的映射。这种基于文本先验信息的显式连接，能够更准确地实现跨模态映射并生成高质量描述。本章在三个典型的尺度多样、目标复杂、场景丰富的视觉描述数据集上进行了实验，实验结果均验证了本章方法的有效性。

5.2 问题描述

视觉模态和文本模态具有独立的语义特征分布，难以直接进行模态间的语义映射。本章主要研究如何缩小视觉与文本之间的模态差异，为尺度多样、目标复杂、场景丰富的图像生成准确的文本描述。如图 5-2 所示，本章致力于探讨文本提示信息在视觉文本解码映射中的重要性，利用视觉语言大模型构建多种文本提示信息作为先验知识，进一步基于获得的先验知识生成准确的文本描述。

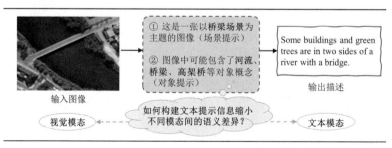

图 5-2　本章问题描述图解

5.3 基于场景-对象双提示解码的视觉描述生成方法

在实际应用场景中存在场景尺度多样、传感器分辨率不同、背景复杂以及目标种类繁多等现象，使得视觉模态信息面临对象语义信息缺失问题。同时，由于视觉模态和文本模态具有独立的语义特征分布，在视觉到文本的语义特征映射阶段，面临语义信息解码不充分的问题。针对上述问题，本章提出了基于场景-对象双提示解码的视觉描述生成方法，通过构建场景-对象双提示作为文本先验信息，辅助视觉信息映射至文本信息，实现视觉语义特征的解码，有效提升生成描述的准确性。如图 5-3 所示，该方法主要包括对象概念提取器、多尺度双提示先验知识提取器和双提示辅助描述解码器三个模块。首先，利用对象概念提取器为输入图像从预设对象空间中匹配对象类别。其次，利用多尺度双提示先验知识提取器提取多尺度视觉特征，预测场景类别信息，并进一步构建双提示语义特征。最后，双提示辅助描述解码器能够利用构建的双提示语义特征作为文本先验信息，辅助视觉到语言的解码映射，从而为视角尺度多样、目标种类繁多的图像，生成包含详细对象信息的文本描述。

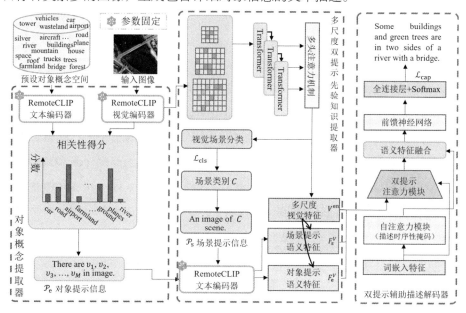

图 5-3　本章提出的基于场景-对象双提示解码的视觉描述生成方法结构示意图

5.3.1 相关符号说明

为了更清晰、直观地介绍本章方法，本节首先介绍关键的符号：对于给定的图像 I，本章方法旨在生成与图像内容相对应的文本描述 $W =$

$\{w_1, w_2, \cdots, w_T\}$。其中，$T$ 表示生成描述的最大单词数。对于对象概念提取器，其目的是从预先设置的对象概念空间中提取与输入图像最相关的前 M 个对象概念，作为先验知识。提取的相关对象概念定义为 $v = \{v_1, v_2, \cdots, v_M\}$。基于对象概念 v，所构建的显式对象提示定义为 $\mathcal{P}_e$。对于多尺度双提示先验知识提取器，将多尺度视觉特征定义为 $V^v = \{V_1, V_2, \cdots, V_L\}$，$L$ 是多尺度视觉特征的尺度采样级数。在预测场景类 C 之后，本章方法构建了场景提示 $\mathcal{P}_s$。该提示能够提供与图像相匹配的场景先验信息。

5.3.2 对象概念提取器

由于实际应用场景中视角尺度多样、目标种类繁多，因此仅依靠提取的视觉语义特征进行模态间的映射，很难为解码器提供场景中多种对象的视觉信息。此外，视觉到文本的模态间信息转换，又会进一步增加对象语义信息丢失的可能。为了给描述解码器提供更详细的对象信息，同时缓解模态间语义特征转换带来的信息缺失问题，本章设计了对象概念提取器，旨在获得文本模态中作为提示的先验对象概念。该提示不仅包含与图像内容相对应的对象信息，又具有与文本模态相对应的语义分布，能够为图像视觉和文本描述之间建立包含潜在对象概念的显式文本连接。

预训练的 CLIP 模型[171,172] 在大量视觉和文本对的训练下，表现出了强大的视觉-文本对齐能力。因此，本章方法首先利用 NLTK 语法分析器工具① 提取所有描述中的名词，从而收集了一组预先设置的候选对象概念空间。然后，本章方法进一步基于 CLIP 强大的对齐能力，探索图像中潜在的对象概念。将候选空间中所有对象插入设计的提示 $\mathcal{P}_c$ "An image contains {entity concept}" 中。基于上述提示模板，使用 CLIP 视觉编码器 CLIP_v 提取图像特征 F_v，使用 CLIP 文本编码器 CLIP_t 提取对象特征 F_t。具体公式如下：

$$\left.\begin{array}{l} \mathcal{P}_c = \text{An image contains \{entity concept\}.} \\ F_v = \text{CLIP}_v(I) \\ F_t = \text{CLIP}_t(\mathcal{P}_c) \end{array}\right\} \tag{5-1}$$

① https://www.nltk.org/。

式中，$F_v \in \mathbb{R}^{1 \times C}$，$F_t \in \mathbb{R}^{E \times C}$，$E$ 是预设空间中的对象数目，C 是通道的大小。

通过计算图像特征 F_v 和对象特征 F_t 之间的相关性得分，保留得分最高的 M 个对象概念 $v = \{v_1, v_2, \cdots, v_M\}$，并将其填充到显式的对象提示模板 $\mathcal{P}_e$ 中。具体公式如下：

$$\mathcal{P}_e = \text{There are } \{v_1, \cdots, v_m, \cdots, v_M\} \text{ in the image.} \tag{5-2}$$

式中，v_m 表示保留的第 m 个对象概念。

5.3.3 多尺度双提示先验知识提取器

预训练的 CLIP[171,172] 具有强大的图像视觉特征提取能力，本节直接将其作为视觉特征提取的主干网络。由于图像具有分辨率不同、尺度不同等典型特点，仅使用单一的视觉特征难以充分表征不同尺度和形状的物体的视觉语义信息。为了解决上述难题，本章方法提出了多尺度双提示先验知识提取器，通过学习多种尺度的视觉表示，并结合文本模态中的显式场景提示和对象提示作为先验知识，构建视觉和文本之间的语义连接，为描述生成提供更多额外信息，从而提升生成描述的准确性。

本章方法保留预训练 CLIP 模型中最后一层的输出图像视觉特征谱 $V_1 \in \mathbb{R}^{K \times C}$，并对其进行 $L-1$ 次下采样，获得初始的多尺度视觉特征 $V^v = \{V_1, V_2, \cdots, V_L\}$。利用 N_e 个具有多头注意力机制 $\text{MHA}(Q, K, V)$ 的 transformer 对不同尺度视觉特征进行语义增强，以获得包含更多不同尺度对象的高级语义信息，保持图像语义信息提取的完整性、全面性。对于第 i 个 transformer、第 l 个尺度的视觉特征，具体公式如下：

$$\left.\begin{aligned}
V'^i_l &= \text{LN}(\text{Dropout}(\text{MHA}(V^{i-1}_l, V^{i-1}_l, V^{i-1}_l)) + V^{i-1}_l) \\
V''^i_l &= \text{Dropout}(\text{ReLU}(V'^i_l W_1)) \\
V^i_l &= \text{LN}(\text{Dropout}(V''^i_l W_2) + V'^i_l)
\end{aligned}\right\} \tag{5-3}$$

式中，V^{i-1}_l 表示第 $i-1$ 层 transformer 的输出，$\text{MHA}(Q, K, V)$ 表示多头注意力机制，$\text{ReLU}(\cdot)$ 表示 ReLU 激活函数，$\text{LN}(\cdot)$ 表示层归一化操作，$\text{Dropout}(\cdot)$ 表示数据随机置零操作，$V^i_l \in \mathbb{R}^{K \times C}$。

在利用 N_e 个具有多头注意力机制的 transformer 进行视觉特征增强之后，本节方法得到多尺度高级视觉特征 $V^{en} = \{V_1^{N_1}, \cdots, V_L^{N_L}\}$，其包含了丰富的不同尺度目标的视觉信息。然后，本节方法利用平均池化操作提取每个尺度下的全局上下文信息 $V_{l,g}$，同时进行多尺度语义特征融合，从而获得针对图像场景整体的全局上下文信息 V_g。具体公式如下：

$$V_g = \mathrm{FC}(V_{l,g} \cup \cdots \cup V_{L,g}) \tag{5-4}$$

式中，$\cup$ 表示特征级联操作，$V_{l,g} \in \mathbb{R}^{1 \times C}$，$V_g \in \mathbb{R}^{1 \times C}$。

进一步，本章方法利用图像整体的全局上下文信息 V_g 预测图像的场景类别 C，为描述生成提供更多额外的先验知识。具体公式如下：

$$P_{cls} = \mathrm{Softmax}(\mathrm{FC}(\mathrm{Dropout}(V_g))) \tag{5-5}$$

式中，P_{cls} 是场景类别预测的概率值。

最后，将预测得到的场景类别结果 C 填入场景提示模板 $\mathcal{P}_s$，获得场景提示先验信息。具体公式如下：

$$\mathcal{P}_s = \text{An image of } \{C\} \text{ scene.} \tag{5-6}$$

式中，C 是场景类别的预测结果。

由于视觉模态和文本模态之间存在着明显的差距，这导致了跨模态转换过程中会存在大量的信息损失。因此，通过在视觉模态和文本模态中建立显式连接，能够提升从视觉到文本转换的精确度。在对象概念提取器和场景类别预测的帮助下，本章方法能够获得潜在对象概念 v 和场景类别 C，并将其对应地填充到提示模板 $\mathcal{P}_e$ 和 $\mathcal{P}_s$ 中。

本章方法通过使用 CLIP 文本编码器来提取模板 $\mathcal{P}_e$ 和 $\mathcal{P}_s$ 的文本表征 F_e 和 F_s。由于 $\mathcal{P}_e$ 和 $\mathcal{P}_s$ 与输入图像匹配，因此 F_e 和 F_s 包含视觉内容信息的同时，具备文本模态语义分布特色，有助于实现准确的模态语义解码映射，生成高质量的文本描述。具体公式如下：

$$\left.\begin{aligned} F_e &= \mathrm{CLIP}_t(\mathcal{P}_e) \\ F_s &= \mathrm{CLIP}_t(\mathcal{P}_s) \end{aligned}\right\} \tag{5-7}$$

式中，$F_e \in \mathbb{R}^{K_e \times C}$，$F_s \in \mathbb{R}^{K_s \times C}$。

为了获得多模态融合语义信息作为显式连接以辅助语义特征解码映射，本章方法使用场景提示特征 F_s 作为查询，筛选视觉特征 V^{en} 中与场景相关的语义信息，以获得显式的场景提示多模态语义特征 F_s^V。具体公式如下：

$$F'_s = \text{LN}(\text{Dropout}(\text{MHA}(F_s, V^{en}, V^{en})) + F_s) \left.\begin{array}{c}\\\\\\\end{array}\right\}$$

$$F''_s = \text{Dropout}(\text{ReLU}(F'_s W_1)) \qquad\qquad (5\text{-}8)$$

$$F^V_s = \text{LN}(\text{Dropout}(F''_s W_2) + F'_s) \qquad\qquad$$

式中，$F_s \in \mathbb{R}^{K \times C}$，$F^V_s \in \mathbb{R}^{K \times C}$。

对于对象提示特征 F_e，本章方法同样提取了对象提示多模态语义特征 F^V_e。上述多模态语义提示特征不仅直接构建了视觉和文本之间的联系，还为解码阶段提供了更多关键对象信息和场景信息，为描述生成提供了更多先验知识。

5.3.4 双提示辅助描述解码器

基于场景提示多模态语义特征 F^V_e 和对象提示多模态语义特征 F^V_s，本章方法设计了一种双提示辅助描述解码器。该解码器利用 N_d 个 transformer 进行多模态信息对齐和文本描述生成。与现有的 transformer 仅使用多头注意力机制来融合视觉和文本特征不同，本节使用的 transformer 包含了一个特殊设计的场景-对象双提示注意力模块，利用 F^V_e 和 F^V_s 先验信息，学习一个平衡系数，从而实现视觉和文本之间的对齐。

由于在预测不同时刻的单词时，并非所有的语义信息都是有用的。因此，本章方法基于上一时刻的单词预测结果 W_{t-1} 来筛选多尺度视觉特征 V^{en}、场景提示多模态语义特征 F^V_e 和对象提示多模态语义特征 F^V_s 中对当前时刻有效的语义信息，并进行语义特征融合。具体公式如下：

$$S^t_v = \text{MHA}(W_{t-1}, V^{en}, V^{en}) \left.\begin{array}{c}\\\\\\\\\end{array}\right\}$$

$$S^t_s = \text{MHA}(W_{t-1}, F^V_s, F^V_s) \qquad\qquad$$

$$S^t_e = \text{MHA}(W_{t-1}, F^V_e, F^V_e) \qquad\qquad (5\text{-}9)$$

$$S^t = \text{S-Att}(S^t_v \cup S^t_e \cup S^t_s) \qquad\qquad$$

式中，W_{t-1} 是 $t-1$ 时刻的单词嵌入特征，$W_{t-1} \in \mathbb{R}^{1 \times C}$。S-Att($\cdot$) 表示自注意力机制，$S^t$ 是融合后的视觉文本多模态先验信息，$S^t \in \mathbb{R}^{1 \times C}$。

进一步，本章方法基于融合后的视觉文本多模态先验信息和当前时刻的文本特征，学习当前时刻的多模态平衡系数 α_t，然后利用改进后的 transformer 结构实现精准的多模态信息融合。具体公式如下：

$$V_{\text{lan}}^t = \text{MHA}(W_{t-1},\ W_{1:t-1},\ W_{1:t-1})$$
$$\alpha_t = \text{Sigmoid}((V_{\text{lan}}^t \cup S^t)W_1)$$
$$V_t^{\text{cm}} = \alpha_t V_{\text{lan}}^t + (1-\alpha_t)S^t \tag{5-10}$$
$$H_t' = \text{Dropout}(\text{ReLU}(V_t^{\text{cm}}W_1 + H_t))$$
$$H_t = \text{LN}(\text{Dropout}(H_t'W_2) + H_t')$$

式中，Sigmoid(·)表示 Sigmoid 激活函数，$W_{t-1} \in \mathbb{R}^{1 \times C}$，$W_{1:t-1} \in \mathbb{R}^{(t-1) \times C}$，$W_{1:t-1}$ 包含了已经预测的所有描述信息，$V_{\text{lan}}^t \in \mathbb{R}^{1 \times C}$。

最后，本章方法基于最后一层 transformer 结构输出的隐藏状态，使用一个全连接层来预测当前时刻的单词 w_t。具体公式如下：

$$P_t(w_t) = \text{Softmax}(\text{FC}(\text{Dropout}(H_t))) \tag{5-11}$$

式中，$P_t(w_t)$ 是 t 时刻单词预测的概率值。

5.3.5　损失函数

在训练阶段，本章方法固定了预训练 CLIP 模型中的视觉特征编码器和文本特征编码器，其他提出的所有模块均基于场景分类任务和描述生成任务进行多任务联合训练。

对于场景分类任务，本章方法使用交叉熵损失作为损失函数。具体公式如下：

$$\mathcal{L}_{\text{cls}} = -\log P_{\text{cls}} \tag{5-12}$$

式中，P_{cls} 是场景类的概率值。

对于描述生成任务，本章方法基于单词 w_t 的预测概率，利用交叉熵损失来约束单词的预测过程。具体公式如下：

$$\mathcal{L}_{\text{cap}} = -\sum_{t=1}^{T}\log P_t(w_t) \tag{5-13}$$

式中，T 是文本描述所包含的最大单词数，$P_t(w_t)$ 表示 t 时刻预测单词的概率值。

本章方法的损失函数如下：

$$\mathcal{L} = \beta \cdot \mathcal{L}_{\text{cls}} + \mathcal{L}_{\text{cap}} \tag{5-14}$$

式中，β 是多任务学习的平衡系数。

5.4 实验结果的分析与讨论

本节在三个具有对象尺度多样、视觉场景复杂以及目标种类繁多等特点的遥感图像描述数据集上验证了本章方法的有效性。实验部分组织如下：首先介绍实验的数据集、评价指标和相关实验细节等基本设置；其次，针对本章方法与现有方法在不同数据集上的客观性能进行分析和比较，同时进一步展示本章方法的主观结果；最后，充分讨论本章方法所提出的不同模块和不同设置对实验结果的影响。

5.4.1 实验设置

1. 数据集

本章方法在三个具有挑战性的遥感图像描述数据集上进行了充分的实验：UCM-Captions[175]、RSICD[174] 和 NWPU-Captions[169]。

（1）UCM-Captions。2016 年，基于 UC Merced Land-Used 数据集[173]，Qu 等人建立了首个遥感图像描述数据集 UCM-Captions[175]。该数据集包含 21 个不同的场景，每个场景收集有 100 张图像，共计包含 2 100 张遥感图像。对于每张图像，人工标注五个英文句子作为描述。该数据集中所有图像的大小均为 256×256 像素。

（2）RSICD。RSICD 数据集[174]是基于不同的图像源构建的大规模遥感图像描述数据集，包括百度地图、谷歌地球、MapABC 和天地图。该数据集包含 10 921 张图像，所有图像大小为 224×224 像素，包括 30 个场景类别。与 UCM-Captions 不同，RSICD 中的每张图像包含了不同数量的文本描述。原始数据集只包含 24 333 个文本描述。2018 年，研究人员[174]采用随机复制策略将文本描述的数量扩展到 54 605 个，确保每张图像具有五个文本描述。

（3）NWPU-Captions。2022 年，Cheng 等人基于 NWPU-RESSC45 数据集建立了 NWPU-Captions[169]，该数据集是目前规模最大的遥感图像描述数据集之一。该数据集包含 31 500 张从谷歌地球收集的图像，包括 45 个场景类别，每个场景类别有 700 张图像。所有图像的大小均为 256 × 256 像素。与 UCM-Captions 类似，NWPU-Captions 中的每张图像都人工标注有五个不同的文本描述。

表 5-1 进一步综合比较了上述三个遥感图像描述生成相关的数据集，可以看出，RSICD 和 NWPU-Captions 包含更多的图像和场景类别，并且描述中包含更多的词汇，更具有挑战性。

表 5-1　常见的遥感图像描述数据集统计分析

数据集	图像/张	描述/个	每张图像描述个数/个	平均描述长度/单词	单词列表大小/个	图像场景类别数/个
UCM-Captions	2100	10 500	5	10.5	280	21
RSICD	10 921	24 333/54 605	1~5/5	10.6	1169	30
NWPU-Captions	31 500	157 500	5	12.3	1462	45

2. 评价指标

与第二～四章类似，本章采用包括 BLEU@1-4（B@1-4）[132]、METEOR（M）[133]、ROUGE-L（R）[134] 和 CIDEr（C）[135] 在内的评价指标全面评价生成描述的质量。本章还采用 SPICE（S）[176] 评价指标，基于图结构的思想评估生成描述的质量。

SPICE[176] 是针对图像描述生成任务而专门设计的评价指标，其主要思想为将图像文本描述转换为一种基于图结构的语义表示。最终，通过计算真实值结构与预测值结构之间的差异，评估生成描述的质量。具体公式如下：

$$\left.\begin{aligned} \mathrm{SPICE(OUT,\ GT)} &= \frac{2 \cdot \mathrm{P(OUT,\ GT)} \cdot \mathrm{R(OUT,\ GT)}}{\mathrm{P(OUT,\ GT)} + \mathrm{R(OUT,\ GT)}} \\ \mathrm{P(OUT,\ GT)} &= \frac{|\ \mathrm{T(G(OUT))} \otimes \mathrm{T(G(GT))}\ |}{|\ \mathrm{T(G(OUT))}\ |} \\ \mathrm{R(OUT,\ GT)} &= \frac{|\ \mathrm{T(G(OUT))} \otimes \mathrm{T(G(GT))}\ |}{|\ \mathrm{T(G(GT))}\ |} \end{aligned}\right\} \quad (5\text{-}15)$$

式中，OUT 表示预测文本，GT 表示真实文本集，G(·) 表示提取文本的场景图，T(·) 表示将场景图转换成元组集合，⊗ 表示基于元组集合的粗匹配。

此外，由于评价生成描述的质量采用了多种评价指标，为了更简单、综合地考虑生成描述的质量，2017 年的人工智能挑战赛①提出了一个平均描述得分 S_m。具体公式如下：

$$S_m = \frac{\text{BLEU@4} + \text{METEOR} + \text{ROUGE-L} + \text{CIDEr}}{4} \tag{5-16}$$

3. 实验细节

本章方法采用预训练 RemoteCLIP[171,172] 中的视觉编码器和文本编码器作为主干网络，其他模块均采用随机初始化。对于对象概念提取器，本章方法设定对象数目 M 为 6，即选择相关性得分最高的 6 个对象构建对象提示信息。对于多尺度双提示先验知识提取器，视觉特征的尺度数目和 transformer 的个数均为 3。视觉和文本特征嵌入维度大小为 512。在解码阶段，本章方法堆叠了 3 个双提示辅助 transformer 解码器，并且解码器隐藏层维度大小也设置为 512。本章方法中所有多头注意力机制 MHA(Q，K，V) 的头数设置为 8。与第二～四章相同，构建预设对象概念空间和词汇表时，删除所有停止词、标点符号以及出现次数少于 5 次的低频词。对于 UCM-Captions、RSICD 和 NWPU-Captions 三个典型的多类别、多目标遥感场景描述数据集，预设对象概念空间的大小分别为 75、163 和 439，词汇表大小分别为 281、1 170 和 1 463。

本章所有实验均基于 X-modaler 多模态工具箱[154]完成。在训练阶段，本章方法采用 AdamW 作为优化器，初始学习率为 4×10^{-4}，并冻结了 RemoteCLIP 视觉编码器和文本编码器中的所有参数。采用等步长阶跃衰减机制与预热机制相结合的学习率调整策略，每 3 个训练周期下降一次，衰减权重为 0.6。损失函数中的平衡系数 β 设置为 0.5。对于 UCM-Captions、RSICD 和 NWPU-Captions 三个数据集，本章方法将描述预测最大长度分别设置为 23、25 和 27。在测试阶段，采用波束搜索策略，波束大小设置为 3。

5.4.2 客观性能比较

本节在三个典型的遥感图像描述数据集 UCM-Captions[175]、RSICD[174] 和

①https：//challenger. ai/competition/caption。

NWPU-Captions[169] 上进行了大量的实验，并与现有先进方法进行了比较，以评估本章方法的有效性，包括 VLAD-RNN[174]、VLAD-LSTM[174]、Soft Attention[174]、Hard Attention[174]、FC-ATT + LSTM[177]、SM-ATT + LSTM[177]、Sound-A-A[178]、TCE-Loss Network[179]、Word-sentence framework[180]、Recurrent-ATT[166]、GWFGA + LSGA[181]、SVM-D BOW[182]、SVM-D CONC[182]、Structured Attention[183]、MLCA-Net[169] 和 JTTS[168]，实验结果分别展示在表 5-2、表 5-3 和表 5-4 中。本节主要针对本章方法与 Structured Attention[183]、MLCA-Net[169] 和 JTTS[168] 三个最新的研究进行比较和分析。

表 5-2 展示了本章方法与现有方法在 UCM-Captions[175] 数据集上的描述性能比较结果。作为最早的遥感图像描述数据集，现有方法在该数据集上进行了充分的研究，并取得了卓越的性能。本章方法在该数据集上取得了进一步提升，在几乎所有指标上获得了最好的分数。即使与最新的遥感图像描述方法 JTTS[168] 相比，评估描述质量的核心指标 CIDEr 从 371.0% 提高到 383.3%。特别是，综合性得分 S_m 也从 144.4% 提高到 149.6%。

表 5-2　本章方法与现有方法在 UCM-Captions[175] 数据集上的描述性能比较结果

方法	B@1/%	B@2/%	B@3/%	B@4/%	M/%	R/%	C/%	S/%	S_m/%
VLAD-RNN[174]	63.1	51.9	46.1	42.1	29.7	58.8	200.7	—	82.8
VLAD-LSTM[174]	70.2	60.9	55.0	50.3	34.6	65.2	231.3	—	95.4
Soft Attention[174]	74.5	65.5	58.6	52.5	38.9	72.4	261.2	—	106.3
Hard Attention[174]	81.6	73.1	67.0	61.8	42.6	77.0	299.5	—	120.2
FC-ATT + LSTM[177]	81.4	75.0	68.5	63.5	41.7	75.0	299.6	—	120.0
SM-ATT + LSTM[177]	81.5	75.8	69.4	64.6	42.4	76.3	318.6	—	125.5
Sound-A-A[178]	74.8	68.4	63.1	59.0	36.2	65.8	272.8	39.1	108.5
TCE-Loss Network[179]	82.1	76.2	71.4	67.0	47.8	75.7	285.5	—	119.0
Word-sentence framework[180]	79.3	72.4	66.7	62.0	44.0	71.3	278.7	—	114.0
Recurrent-ATT[166]	85.2	79.3	74.3	69.8	45.7	80.7	338.9	48.9	133.8
GWFGA + LSGA[181]	83.2	76.6	71.0	66.0	44.4	78.5	332.7	48.5	130.4
SVM-D BOW[182]	76.4	66.6	58.7	52.0	36.5	68.8	271.4		107.2

续表

方法	B@1/%	B@2/%	B@3/%	B@4/%	M/%	R/%	C/%	S/%	S_m/%
SVM-D CONC[182]	76.5	69.5	64.2	59.4	37.0	68.8	292.3	—	114.4
Structured Attention[183]	85.4	80.4	75.7	71.1	46.3	81.4	334.9	—	133.5
MLCA-Net[169]	82.6	77.0	71.7	66.8	43.5	77.2	324.0	47.3	127.9
JTTS[168]	87.0	82.2	77.9	73.8	49.1	83.6	371.0	52.3	144.4
本章方法	89.9	86.0	82.5	78.9	49.9	86.4	383.3	50.2	149.6

表 5-3 展示了本章方法与现有方法在 RSICD[174] 数据集上的描述性能比较结果。在更具挑战性的 RSICD 数据集上，本章方法在九个评价指标上均达到了最佳表现。特别是在评估描述质量的核心指标 CIDEr 和综合性得分 S_m 上，本章方法与现有其他所有方法相比实现了十分显著的改进，分别提升了 32.9% 和 10.6%。与最新的 Structured Attention[183]、MLCA-Net[169] 和 JTTS[168] 三个方法相比，本章方法在 RSICD 数据集上的改进更显著。Structured Attention[183] 创造性地使用分割信息来获得多种视觉特征，但只是简单地使用文本隐藏层状态来实现多模态特征的融合。JTTS[168] 基于多任务学习的思想，实现了描述生成和场景分类的联合训练，但只是在解码阶段隐式地添加了场景预测信息，并未充分利用场景类别文本模态提示信息。尽管 MLCA-Net[169] 从空间和通道注意力的角度关注上下文信息和多尺度的视觉特征，但它仍然没有构建显式的对象语言提示为视觉语言多模态转换提供先验信息。与上述方法不同，本章方法可以基于匹配和预测结果建立显式的场景提示和对象提示作为文本先验信息，为视觉文本多模态转换提供语义连接，并为描述生成提供更有效的知识。因此，本章方法可以在场景更多样、描述更复杂的 RSICD 数据集上实现显著的提升。

表 5-3　本章方法与现有方法在 RSICD[174] 数据集上的描述性能比较结果

方法	B@1/%	B@2/%	B@3/%	B@4/%	M/%	R/%	C/%	S/%	S_m/%
VLAD-RNN[174]	49.4	30.9	22.1	16.8	20.0	42.4	103.9	—	45.8
VLAD-LSTM[174]	50.0	32.0	23.2	17.8	20.5	43.3	118.0	—	49.9
Soft Attention[174]	67.5	53.1	43.3	36.2	32.6	61.1	196.4	—	81.6
Hard Attention[174]	66.7	51.8	41.6	34.1	32.0	60.8	179.3	—	76.6

方法	B@1/%	B@2/%	B@3/%	B@4/%	M/%	R/%	C/%	S/%	S_m/%
FC-ATT + LSTM[177]	74.6	62.5	53.4	45.7	34.0	63.3	236.6	—	94.9
SM-ATT + LSTM[177]	75.7	63.4	53.9	46.1	35.1	64.6	235.6	—	95.4
Sound-A-A[178]	62.0	48.2	39.0	32.0	27.3	51.4	163.9	36.0	68.7
TCE-Loss Network[179]	76.1	63.6	54.7	47.9	34.3	66.9	246.7	—	99.0
Word-sentence framework[180]	72.4	58.6	49.3	42.5	32.0	62.6	206.3	—	85.9
Recurrent-ATT[166]	77.3	66.5	57.8	50.6	36.3	66.9	275.5	47.2	107.3
GWFGA + LSGA[181]	67.8	56.0	47.8	41.7	32.9	59.3	260.1	46.8	98.5
SVM-D BOW[182]	61.1	42.8	31.5	24.1	23.0	45.9	68.3	—	40.3
SVM-D CONC[182]	60.0	43.5	33.6	26.9	23.0	45.6	68.5	—	41.0
Structured Attention[183]	70.2	56.1	46.5	39.3	32.9	57.1	170.3	—	74.9
MLCA-Net[169]	75.7	63.4	53.9	46.1	35.1	64.6	235.6	44.4	95.4
JTTS[168]	78.9	68.0	58.9	51.4	37.7	68.2	279.6	48.8	109.2
本章方法	82.9	72.8	64.2	57.0	40.8	72.1	312.5	53.2	120.6

表 5-4 展示了本章方法与现有方法在最新和极具挑战性的 NWPU-Captions[169] 数据集上的描述性能比较结果。与 RSICD 数据集类似，NWPU-Captions 数据集包含更多的场景类和更复杂的描述，本章方法也在所有的九个评价指标上实现了最佳性能。BLEU@4 从 47.8% 提升到 73.0%，METEOR 从 33.7% 提升到 46.4%，ROUGE-L 从 60.1% 提升到 80.6%，CIDEr 提升了接近一倍，从 126.4% 提升到 209.9%，综合性得分 S_m 从 67.0% 提升到 102.5%。在 NWPU-Captions 数据集上的出色性能进一步验证了本章方法在更具挑战性场景上的视觉内容理解与文本表达能力。

表 5-4　本章方法与现有方法在 NWPU-Captions[169] 数据集上的描述性能比较结果

方法	B@1/%	B@2/%	B@3/%	B@4/%	M/%	R/%	C/%	S/%	S_m/%
Soft Attention[174]	73.1	60.9	52.5	46.2	33.9	59.9	113.6	28.5	63.4
Hard Attention[174]	73.3	61.0	52.7	46.4	34.0	60.0	110.3	28.4	62.7
FC-ATT + LSTM[177]	73.6	61.5	53.2	46.9	33.8	60.0	123.1	28.3	66.0

续表

方法	B@1/%	B@2/%	B@3/%	B@4/%	M/%	R/%	C/%	S/%	S_m/%
SM-ATT + LSTM[177]	73.9	61.7	53.2	46.8	33.0	59.3	123.6	27.6	65.7
MLCA-Net[169]	74.5	62.4	54.1	47.8	33.7	60.1	126.4	28.5	67.0
本章方法	90.8	83.9	78.0	73.0	46.4	80.6	209.9	31.4	102.5

综上分析，与现有方法相比，本章方法在几乎所有评价指标上都获得了更好的性能。特别是，在最新的、更具挑战性的 RSICD 数据集[174]和 NWPU-Captions 数据集[169]上，本章方法展示出了更显著的提升，这也充分说明了本章方法可以更好地理解多种类别图像场景以及场景中不同尺度、不同类型的目标，并生成包含更多细节的高质量描述。此外，本章进一步通过评估浮点运算量（FLOPs）和参数量（Params）来分析提出方法的时间复杂性和空间复杂性。本章方法的浮点运算量为 8.07 GFLOPs，参数量为 111.67 MB。

5.4.3 主观结果分析

图 5-4 更直观地展示了本章方法在不同的遥感场景描述上的有效性。此外，图 5-4 还展示了本章方法提出的场景提示信息和对象提示信息。其中，下画线标示出的单词表示预测的场景类别结果、对象概念提取器提取的潜在对象概念，以及本章方法预测的高质量描述。

从图 5-4 中可以看出，本章方法可以准确地描述遥感图像中的关键信息。即使对于包含多个不同尺度对象或场景昏暗的困难图像，本章方法仍然能够生成准确的描述。在图 5-4（a）中，"terminal" 能够被准确地描述出。在图 5-4（b）中，场景十分昏暗模糊，并且对象尺度极小，本章方法成功地识别并描述出了 "plane" "building" 等关键对象。在图 5-4（c）、（d）和（g）中，本章方法也能够准确地描述出诸如数量、颜色之类的场景细节，如 "four" "green" "white" "yellow"。此外，图 5-4（e）和（f）中包含多个不同尺度的对象，本章方法也能够描述出图像中尽可能多的对象，包括 "buildings" "trees" "river" "bridge"。即使是 "circle building" 这种具有特殊形状的建筑，本章方法也可以实现精准的描述。对于图 5-4（h），本章方法也能够成功地描述出在角落里的对象 "tree"。

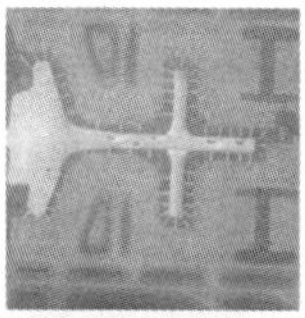

真实值: Many planes are parked in an airport. (a)

本章方法: Many planes are parked <u>near a terminal</u> in an airport.

场景提示: A image of <u>airport</u> scene.

对象提示: There are <u>airport, runways, plane, planes, center, desert</u> in the image.

真实值: A plane is near parked in an airport near large piece of bare land and (b)
some buildings.

本章方法: Some planes are in an airport <u>near some buildings</u>.

场景提示: A image of <u>airport</u> scene.

对象提示: There are <u>runways, airport, runway, ground, farmland, stadium</u> in the image.

真实值: Four baseball fields are near many green trees. (c)

本章方法: <u>Four</u> baseball fields are surrounded by many green trees.

场景提示: A image of <u>baseball field</u> scene.

对象提示: There are <u>baseball, field, fields, stadium, lawns, park</u> in the image.

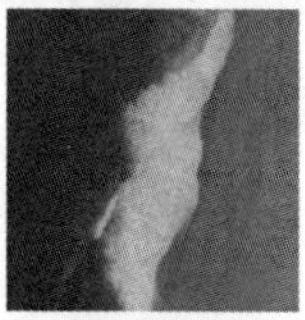

真实值: The green of the sea rolled up white waves. (d)

本章方法: <u>White</u> waves in <u>green</u> ocean is near <u>yellow</u> beach.

场景提示: A image of <u>beach</u> scene.

对象提示: There are <u>waves, ocean, sea, sand, beach, middle</u> in the image.

真实值: Many houses were built on both sides of the river. (e)

本章方法: Some <u>buildings</u> and green <u>trees</u> are in two sides of a <u>river</u> with a <u>bridge</u>.

场景提示: A image of <u>bridge</u> scene.

对象提示: There are <u>river, bridge, bridges, viaduct, rivers, area</u> in the image.

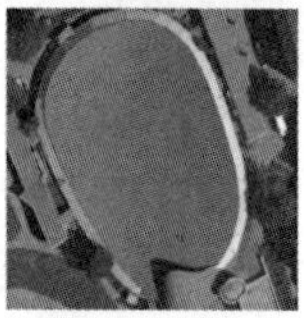

真实值: Several buildings and green trees are around an almost circle building. (f)

本章方法: Some green <u>trees</u> and several <u>buildings</u> are around a <u>circle building</u>.

场景提示: A image of <u>center</u> scene.

对象提示: There are <u>stadium, ground, roofed, sparse, courts, roof</u> in the image.

真实值: It is a large piece of yellow desert. (g)

本章方法: It is a piece of <u>yellow desert</u>.

场景提示: A image of <u>desert</u> scene.

对象提示: There are <u>desert, sand, orange, area, mountains, areas</u> in the image.

真实值: Many buildings are in an industrial area. (h)

本章方法: Many buildings and some <u>green trees</u> are in an industrial area.

场景提示: A image of <u>industrial</u> scene.

对象提示: There are <u>factory, buildings, storage, building, stadium, ground</u> in the images.

图 5-4　本章方法在多种遥感场景下生成描述的主观结果图

此外，从图 5-4 展示的场景提示信息和对象提示信息可以看出，所有的图像场景类别都能够被准确地预测出来，并且大多数对象概念也与图像内容相匹配。上述主观结果也说明场景提示和对象提示所提供的先验信息是准确的，能够为生成详细准确的描述提供正向促进作用。通过比较先验提示信息和最终生成的描述，也可以更直观地看出，模型生成描述中大多数核心单词都包含在先验提示信息中，这也表明了本章方法的合理性和有效性。

5.4.4 讨论

为了验证本章方法的有效性，本节基于 RSICD 数据集[174] 进行了一系列消融实验。首先，探讨了本章提出的主要模块对视觉描述生成性能的影响。其次，验证了在利用对象概念提取器构建对象提示时，保留对象数目对视觉描述生成性能的影响。再次，研究了视觉特征下采样次数对视觉描述生成性能的影响。最后，分析了场景提示信息 $\mathcal{P}_s$ 和对象提示信息 $\mathcal{P}_e$ 对视觉描述生成性能的影响。

1. 不同模块对视觉描述生成性能的影响

针对本章提出的基于场景-对象双提示解码的视觉描述生成方法，本节分别分析了多尺度特征结构、双提示先验信息以及双提示辅助描述解码器的重要影响。基线方法采用具有多头注意力机制的三层 transformer 编解码结构。表 5-5 展示了不同模块对视觉描述生成性能的影响。从表 5-5 中可以看出，独立引入多尺度特征结构或双提示先验信息，都能在一定程度上提高生成描述的质量。这是因为多尺度特征结构可以提取图像中包含更多尺度大小对象的语义信息，所获得的细粒度视觉特征对解码阶段至关重要。对于双提示先验信息来说，两种提示信息能够为描述生成提供直接的文本先验知识，包括场景信息和潜在对象信息。当细粒度的视觉特征和丰富的先验提示知识共同使用时，这种提升更加明显。这是因为场景提示信息 $\mathcal{P}_s$ 和对象提示信息 $\mathcal{P}_e$ 可以在不同尺度的视觉特征上挖掘出更重要的细粒度语义表征，从而能够实现更精准的描述生成。双提示辅助描述解码器依赖于获得的先验信息，因此无法基于基线方法进行独立消融实验。可以看出，双提示辅助描述解码器利用先验信息显著地提升了生成描述的质量，尤其是 CIDEr 得分相比基线方法提高了 9.4%。这是因为当使用场景提示和对象提示先验信息来引导跨模态语义特征融合时，两种提示信息能够极大地缩小视觉和文本之间的距离，并在公共的特征空间中实现精确的跨模态对齐与融合。使用双提示辅助描述解码器所带来的性能提升充分说明了双提示先验信息对于视觉文本跨模态映射的重要价值。上述模块化消融实验结果充分验证了本章方法的有效性。

表 5-5　本章方法中不同模块对视觉描述生成性能的影响

主要模块			B@1/%	B@2/%	B@3/%	B@4/%	M/%	R/%	C/%	S/%	S_m/%
多尺度双提示先验知识提取器		双提示辅助描述解码器									
多尺度	双提示										
		基线方法	81.3	70.8	61.8	54.2	39.3	70.8	299.0	51.2	115.8
√			81.6	71.0	62.2	54.6	40.3	71.4	300.0	52.7	116.6
	√		81.9	71.7	62.9	55.3	39.9	71.7	305.2	51.5	118.0
	√	√	81.9	72.0	63.4	55.8	40.2	71.7	308.4	52.1	119.0
√	√		82.6	72.2	63.6	56.4	40.7	72.1	309.4	53.0	119.7
√	√	√	82.9	72.8	64.2	57.0	40.8	72.1	312.5	53.2	120.6

2. 对象概念提取器中对象数目对视觉描述生成性能的影响

在对象概念提取器中，最关键的是确定提取潜在对象的数量，这决定了对象提示 $\mathcal{P}_o$ 中包含信息的准确率。因此，本节在对象概念提取器中设置不同的对象提取数目进行实验，并评估生成描述的质量，见表 5-6 所列。当预设对象提取数目从 4 增加到 6 时，几乎所有的评价指标都实现了逐渐提高。然而，当对象提取数目过高时，性能出现了十分明显的下降。这是因为当对象提取数目较小时，对象提示可以有效地提供先验信息来帮助描述生成；当对象提取数目过大时，对象提示会包含错误的对象概念，引入一些噪声并影响解码的准确性。因此，本章方法利用对象概念提取器提取 6 个对象作为对象提示信息辅助描述生成。

表 5-6　本章提出的对象概念提取器中对象数目对视觉描述生成性能的影响

对象数目	B@1/%	B@2/%	B@3/%	B@4/%	M/%	R/%	C/%	S/%	S_m/%
4	81.7	71.7	63.1	55.8	40.1	71.4	307.5	52.6	118.7
5	82.5	72.0	63.2	55.8	40.6	71.9	310.6	52.9	119.7
6	82.9	72.8	64.2	57.0	40.8	72.1	312.5	53.2	120.6
7	81.7	71.5	63.1	55.8	40.1	71.7	303.6	52.9	117.8
8	81.0	70.6	62.0	54.6	40.0	71.1	299.8	52.0	116.4

3. 视觉特征下采样次数对视觉描述生成性能的影响

不同尺度的视觉特征能够涵盖图像中不同尺度大小的对象信息，因此提取图像中多种尺度的细粒度视觉特征，对于提升描述的准确性具有重要价值。因此，本节针对视觉特征下采样的次数进行了实验，实验结果见表 5-7 所列。结果表明，引入多种尺度的视觉特征可以在图像中获得更细粒度的语义信息，能够极大地提高模型对图像描述的准确性和全面性。特别是对于目标尺度多样的场景，多种尺度语义特征能够涵盖场景中更多的目标，从而实现性能的提升。此外，在场景提示和对象提示先验信息的辅助下，多种尺度的视觉语义特征得到进一步增强，并在公共语义特征空间中实现多模态语义一致性对齐，能够为解码阶段提供更详细的多模态语义信息。

表 5-7　本章方法中视觉特征下采样次数对视觉描述生成性能的影响

采样次数	B@1/%	B@2/%	B@3/%	B@4/%	M/%	R/%	C/%	S/%	S_m/%
1	81.9	72.0	63.4	55.8	40.2	71.7	308.4	52.1	119.0
2	82.4	72.2	63.6	56.2	40.5	72.0	309.0	53.1	119.4
3	82.9	72.8	64.2	57.0	40.8	72.1	312.5	53.2	120.6

4. 不同提示信息对视觉描述生成性能的影响

本章方法引入了两种显式的先验提示信息，包括场景提示信息 $\mathcal{P}_s$ 和对象提示信息 $\mathcal{P}_e$。本节进一步探索了不同提示信息对视觉描述生成的影响，实验结果见表 5-8 所列。可以看出，单独引入任何一种先验提示信息都可以帮助模型提高生成描述的质量，并且同时使用两种先验提示信息可以获得最佳结果。场景提示信息 $\mathcal{P}_s$ 的有效性在于，在场景类别监督下本章方法可以实现场景类别的预测，为描述生成提供准确的场景先验信息。对于对象提示信息 $\mathcal{P}_e$，本章方法利用预训练的 RemoteCLIP 通过视觉和文本匹配机制获得多个潜在的对象概念，能够在解码时提供包含更多对象信息的提示先验信息，帮助模型提取更多关键尺度的视觉语义特征，并实现视觉和文本的多模态信息对齐和转换。

表 5-8　本章方法中场景-对象双提示对视觉描述生成性能的影响

$\mathcal{P}_s$	$\mathcal{P}_e$	B@1/%	B@2/%	B@3/%	B@4/%	M/%	R/%	C/%	S/%	S_m/%
√		82.1	72.0	63.4	56.0	40.5	71.5	302.9	52.7	117.7
	√	82.1	71.7	62.9	55.3	40.4	71.5	306.5	52.7	118.4
√	√	82.9	72.8	64.2	57.0	40.8	72.1	312.5	53.2	120.6

5.5　本章小结

　　本章提出了一种基于场景-对象双提示解码的视觉描述生成方法，旨在利用视觉语言预训练模型精准的视觉文本匹配能力，构建文本提示作为先验信息，辅助视觉语义信息的解码映射。该方法设计了对象概念提取器，为输入图像在预先设置的对象空间中挖掘潜在的对象概念，构建对象提示信息。考虑到图像中尺度多样、目标复杂、场景丰富的特点，进一步提出了多尺度双提示先验知识提取器学习不同尺度的细粒度视觉语义特征，并进行场景类别预测，从而获得基于对象概念和场景类别的双提示语义信息。基于上述提示信息，本章方法进一步构建了双提示辅助描述解码器，利用场景-对象双提示信息显式地构建视觉文本之间的语义连接，提升解码阶段从视觉到文本语义映射的准确性。大量的实验结果分析与讨论验证了本章方法的有效性。

第六章

基于三元组伪标签生成的半监督视觉描述生成研究

6.1 引言

第二～五章已对视觉描述生成中的语义特征编码和解码进行了深入探讨。视觉描述生成任务高度依赖于大规模标注数据，以便有效地学习视觉与文本之间的语义映射关系。然而，如图 6-1（a）所示，实际应用的需求不断变化，当新的需求（目标域）出现时，仅利用少量的目标域标注数据进行视觉描述生成网络训练，往往效果不佳。在这种情况下，通常需要花费大量的时间针对特定目标域进行大规模数据标注，并重新进行网络训练，这极大地限制了视觉描述生成模型在实际生活中的应用和推广。因此，本章将进一步研究半监督视觉描述生成问题，致力于探索如何有效利用大量现有的源域图像文本成对数据，以促进网络更好地学习少样本目标域数据。

为了降低对目标域标注数据的依赖，早期的方法[87,89,100]通过引入更多图像文本数据，如大规模图像源域事实文本数据集，来从现有数据中挖掘域无关的信息作为补充，为目标域学习提供更多知识。如图 6-1（b）所示，一些方法[87,89,96,99,100]基于迁移学习的思想，将图像信息解耦为域相关语义特征和域无关语义特征，通过简单地将源域数据中的域相关语义特征替换为目标域语义特征，从而实现对源域数据的有效利用，提升模型在目标域描述生成任务上的表现。然而，这些方法仅仅直接进行域间语义信息的替换，并未实现源域和目标域语义特征空间的对齐，这将导致非公共语义空间中存在严重的信息偏差和低质量的域间知识迁移。还有一些方法[184,185]利用图像-文本检索策略构建更多的成对目标域数据，实现数据的增广，但是可能面临匹配、检索错误的潜在风险。至今，仍然没有相关研究探索图像、源域事实文本数据以及目标域风格文本数据三者之间的核心关系。此外，当面临多目标域视觉描述生成时，现有的一些方法需要学习多个不同的描述生成模型。这种需要针对单一目标域独立学习视觉描述生成模型的方法，也忽略了不同目标域数据之间的相互促进作用。

针对上述问题，本章提出了一种基于三元组伪标签生成的半监督视觉描述生成方法[186]。如图6-1（c）所示，与现有方法不同，本章方法挖掘了图像、源域事实文本数据以及目标域风格文本数据三元组之间的关系。不仅考虑了三元组数据之间的语义对齐与映射，还实现了多种目标域数据之间的相互促进和补充。具体而言，本章方法首先设计了图像-源域事实文本语义特征编码器和目标域风格引导的描述解码器。通过将图像和源域事实文本进行语义对齐与融合，在公共特征空间中获得包含准确内容的双源融合语义特征。然后，将该融合特征解耦为域无关的内容语义信息和域相关的风格语义信息，从而解码生成与目标域风格相匹配的文本描述。为了提高对源域数据的有效利用，本章方法设计了一种半监督伪标签筛选器，为大量的图像-源域事实文本数据筛选出高质量的目标域伪标签，作为新的三元组数据重新进行网络训练优化。这是一种通用的半监督数据扩充方法，扩充后的数据可以用于训练任何现有的视觉描述生成模型。

事实: A dog is running on the grass.
积极: A handsome brown dog is running rapidly.
消极: A ugly dog is running.
浪漫: A dog is running towards its lover.
幽默: A nimble dog is flying on the grass.

源域
事实文本

目标域
风格文本

(a) 目标域风格描述示例

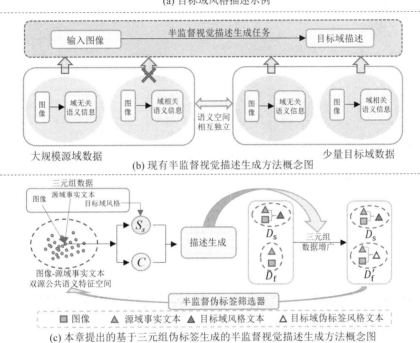

(c) 本章提出的基于三元组伪标签生成的半监督视觉描述生成方法概念图

图 6-1　现有方法与本章方法概念对比图

6.2　问题描述

如图 6-2 所示，本章致力于解决当需求发生变化时，仅基于少量的目标域数据实现准确的视觉描述生成。例如针对图像的视觉内容生成与目标域风格相匹配的文本描述，包括积极、消极、浪漫、幽默等。直接利用目标域少量数据进行网络训练往往面临目标域学习不充分的问题，而重新进行大规模目标域数据标注又会花费大量的时间成本和人力成本。本章主要研究如何利用大量已有的源域图像事实描述数据，通过构建图像、源域事实数据以及目标域风格数据之间的语义映射关系，实现对大规模源域数据的伪标签生成，从而降低网络对于目标域文本数据的依赖，提高描述的准确性。

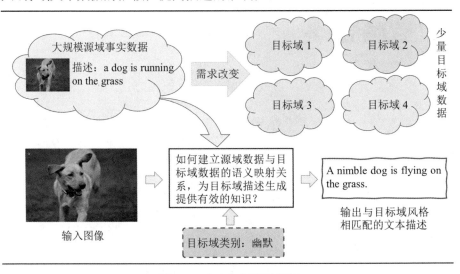

图 6-2   本章问题描述图解

6.3 基于三元组伪标签生成的半监督视觉描述生成方法

在数据域发生变化时，为了降低视觉描述生成模型对目标域标注数据的依赖，实现对现有大规模源域数据的有效利用，如图 6-3 所示，本章提出了基于三元组伪标签生成的半监督视觉描述生成方法，主要包括图像-源域事实文本语义特征编码器、目标域风格引导的描述解码器、半监督伪标签筛选器。本章方法利用少量的目标域风格标注数据，构建图像、源域事实文本以及目标域风格文本三元组之间的语义映射关系，为大量现有的源域数据生成目标域风格伪标签，实现目标域风格数据的扩充，进而帮助网络更好地生成目标域风格描述。

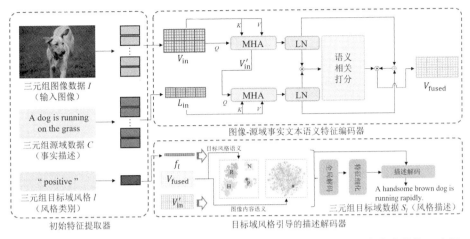

图 6-3 本章提出的基于三元组伪标签生成的半监督视觉描述生成方法结构示意图

6.3.1 初始特征提取器

为了充分提取图像中的关键对象及区域的视觉信息 V_{in}，本章方法利用预训练的 Faster R-CNN[21,22] 从输入图像 I 中提取固定个数的区域视觉特征 V_r 和相应的位置信息 V_p。具体公式如下：

$$\left.\begin{array}{l} V_r,\ V_p = \text{Faster R-CNN}(I) \\ V_{in} = \text{ReLU}(\text{MLP}(V_r) + \text{MLP}(V_p)) \end{array}\right\} \tag{6-1}$$

式中，MLP(·) 为多层感知机，ReLU(·) 表示 ReLU 激活函数，$V_r \in \mathbb{R}^{K \times 2\,048}$，$V_p \in \mathbb{R}^{K \times 4}$，$V_{in} \in \mathbb{R}^{K \times C}$，$K$ 为区域个数。

本节构造了一个可学习的单词嵌入矩阵 $W = [w_1, \cdots, w_N]$。其中，N 是词汇表的大小，w_i 表示词汇表中第 i 个单词的词嵌入特征，$W \in \mathbb{R}^{N \times C}$。对于源域事实文本描述 $C = [a_1, \cdots, a_L]$，a_i 表示第 i 个单词对应词汇表中的索引，L 表示描述的最大长度。因此，初始的源域事实文本特征 L_{in} 定义如下：

$$\left.\begin{array}{l} C = [a_1, \cdots, a_n] \\ L_{in} = \text{MLP}(w_{a_1} \cup \cdots \cup w_{a_n}) \end{array}\right\} \tag{6-2}$$

式中，$L_{in} \in \mathbb{R}^{L \times C}$，$\cup$ 表示特征级联操作。

为了实现多种目标域风格的联合训练，本章方法将多种目标域风格 l 定义为一个 One-hot 向量，进一步利用多层感知机将该向量嵌入目标域风格特征

f_l 中。

$$f_l = \mathrm{MLP}(l) \tag{6-3}$$

式中，$f_l \in \mathbb{R}^{1 \times C}$。

6.3.2 图像-源域事实文本语义特征编码器

输入图像中包含了准确的视觉内容，事实描述中包含了文本内容信息和事实文本表达特点。为了获得具有准确视觉内容语义信息的双源融合语义特征 V_{fused}，本节提出了一种图像-源域事实文本语义特征编码器，通过在细粒度区域级别上计算视觉和文本的相关性，显著地增强内容特征在关键区域的表达，实现视觉特征 V_{in} 和文本特征 L_{in} 的对齐与融合。该融合特征具有视觉文本多模态表征特性，有利于在解码阶段精确地实现单词预测。

如图 6-3 所示，本章方法首先利用多头注意力机制（MHA）增强区域级视觉特征 V_{in} 的语义表征能力。其次，利用增强后的区域级视觉特征 V'_{in} 对源域事实文本特征 L_{in} 进行筛选，从而在区域级实现视觉特征 V_{in} 和文本特征 L_{in} 的空间语义对齐。具体公式如下：

$$\left.\begin{array}{l} V'_{\mathrm{in}} = \mathrm{MHA}(V_{\mathrm{in}},\ V_{\mathrm{in}},\ V_{\mathrm{in}}) \\ L'_{\mathrm{in}} = \mathrm{MHA}(V'_{\mathrm{in}},\ L_{\mathrm{in}},\ L_{\mathrm{in}}) \end{array}\right\} \tag{6-4}$$

式中，$V'_{\mathrm{in}} \in \mathbb{R}^{K \times C}$，$L'_{\mathrm{in}} \in \mathbb{R}^{K \times C}$。

为了在视觉文本多模态公共嵌入空间中获得与视觉内容相关的双源融合语义特征 V_{fused}，实现视觉和源域事实文本的语义一致性对齐和融合，本章方法利用 V'_{in} 和 L'_{in} 学习一个细粒度的区域级语义相关矩阵 R，作为多模态语义特征 V_{m} 的加权系数，以增强融合特征的表征能力。多模态语义特征 V_{m} 包括图像视觉特征 V'_{in} 和对齐后的源域事实文本特征 L'_{in}。此外，本章方法进一步引入了两个可学习的参数 α 和 γ 来自适应地调整特征分布。具体公式如下：

$$\left.\begin{array}{l} V_{\mathrm{m}} = \mathrm{LN}(V'_{\mathrm{in}}) + \mathrm{LN}(L'_{\mathrm{in}}) \\ R = \mathrm{AvgPool}(\mathrm{LN}(V'_{\mathrm{in}}) \odot \mathrm{LN}(L'_{\mathrm{in}})) \\ V_{\mathrm{fused}} = \left(\alpha \cdot \exp\left(-\dfrac{(1-R)^2}{2\gamma^2}\right)\right) \cdot V_{\mathrm{m}} \end{array}\right\} \tag{6-5}$$

式中，$LN(\cdot)$表示层归一化操作，$AvgPool(\cdot)$表示平均池化操作，$\odot$表示Hadamard乘积，α和γ是可学习的参数。$R \in \mathbb{R}^{K \times 1}$，$V_{fused} \in \mathbb{R}^{K \times C}$。

所构建的图像-源域事实文本语义特征编码器可以通过计算区域级相关性得分，降低无效视觉特征的影响，并且筛选掉与事实文本表达特点相关但与视觉内容无关的文本特征，能够实现图像与源域事实描述的多模态语义对齐，并在公共特征空间中实现多模态语义信息的融合。本节提取的双源融合语义特征V_{fused}能够为描述生成提供丰富的、具有描述性价值的语义信息。

6.3.3 目标域风格引导的描述解码器

具有特定风格的视觉内容描述，需要包括准确的图像视觉内容和风格化的文本特色。为此，本章方法进一步构建了目标域风格引导的描述解码器，主要包括特征解耦和描述预测两部分。通过将双源融合语义特征V_{fused}解耦为具有图像视觉内容的语义信息和具有风格化文本特色的语义信息，实现更精确的目标域风格视觉描述生成。前者可以提供图像中关键对象和环境的内容，后者可以提供风格文本特色信息来生成相应的风格化描述。

由于来自原始图像的视觉特征L'_{in}包含了图像场景中的关键对象和环境信息，因此本节利用视觉特征V'_{in}将双源融合语义特征V_{fused}解耦为具有图像视觉内容的语义特征V_c，提供关键对象和环境的视觉表征。具体公式如下：

$$V_c = \text{MHA}(V'_{in}, V_{fused}, V_{fused}) \tag{6-6}$$

式中，$V'_{in} \in \mathbb{R}^{K \times C}$，$V_c \in \mathbb{R}^{K \times C}$。

进一步，本节利用给定的目标域风格特征f_l，从双源融合语义特征V_{fused}中解耦为具有风格化文本特色的语义特征V_s。通过修改不同的目标域风格特征f_l，本章方法可以实现多种目标域风格的语义表征。具体公式如下：

$$V_s = \text{MHA}(f_l, V_{fused}, V_{fused}) \tag{6-7}$$

式中，$f_l \in \mathbb{R}^{1 \times C}$，$V_s \in \mathbb{R}^{1 \times C}$。

在特征解耦后，本章方法获得了具有图像视觉内容的语义特征V_c和具有风格化文本特色的语义特征V_s。为了生成具有典型风格表达的文本描述，在进行描述生成的同时也进行目标风格预测，以实现生成描述风格与给定目标风格的对齐。具体来说，本章方法首先利用LSTM从V_c和V_s提取时序性上下文关系。

具体公式如下：

$$
\left.\begin{aligned}
V_{\mathrm{m}} &= \mathrm{AvgPool}(V_{\mathrm{c}}) + V_{\mathrm{s}} \\
F_{\mathrm{in}} &= V_{\mathrm{m}} \cup h'_{t-1} \cup w_{t-1} \\
(h_t,\ c_t) &= \mathrm{LSTM}_1(F_{\mathrm{in}},\ (h_{t-1},\ c_{t-1}))
\end{aligned}\right\}
\tag{6-8}
$$

式中，h'_{t-1} 表示 LSTM_2 的隐藏层状态，w_{t-1} 表示 $t-1$ 时刻预测单词的词嵌入特征，两者包含上一时刻的解码信息和结果。$V_{\mathrm{m}} \in \mathbb{R}^{1 \times C}$，$F_{\mathrm{in}} \in \mathbb{R}^{1 \times 3C}$，$h_t \in \mathbb{R}^{1 \times C}$。

然后，利用学习到的时序性上下文关系 h_t，本章方法针对图像视觉内容的语义特征 V_{c} 的关键区域进行筛选与融合，能够增强 V_{c} 中与当前时刻更相关的区域语义信息。具体公式如下：

$$
V'_{\mathrm{m},t} = \mathrm{MHA}(h_t,\ V_{\mathrm{c}},\ V_{\mathrm{c}})
\tag{6-9}
$$

式中，$h_t \in \mathbb{R}^{1 \times C}$，$V'_{\mathrm{m},t} \in \mathbb{R}^{1 \times C}$。

在获得具有高相关性的内容语义特征 $V'_{\mathrm{m},t}$ 后，本章方法利用 LSTM 基于具有风格化文本特色的语义特征 V_{s}、具有高相关性的内容语义特征 $V'_{\mathrm{m},t}$ 和 LSTM_1 的隐藏状态进行单词预测。具体公式如下：

$$
\left.\begin{aligned}
F'_{\mathrm{in},t} &= V_{\mathrm{s}} \cup V'_{\mathrm{m},t} \cup h_t \\
(h'_t,\ c'_t) &= \mathrm{LSTM}_2(F'_{\mathrm{in},t},\ (h'_{t-1},\ c'_{t-1})) \\
P_t(w_t) &= \mathrm{Softmax}(\mathrm{MLP}(h'_t))
\end{aligned}\right\}
\tag{6-10}
$$

式中，$F'_{\mathrm{in}} \in \mathbb{R}^{1 \times 3C}$，$h'_t \in \mathbb{R}^{1 \times C}$，$P_t(w_t) \in \mathbb{R}^{1 \times N}$。

最后，为了约束生成描述的风格与给定目标风格的对齐，本章方法根据每一时刻生成描述的隐藏状态进行风格预测。具体公式如下：

$$
P_{\mathrm{s}} = \mathrm{Softmax}\left(\mathrm{MLP}\left(\sum_{t=1}^{n} h'_t\right)\right)
\tag{6-11}
$$

式中，$\sum_{t=1}^{n} h'_t$ 表示每一时刻生成描述的隐藏状态，P_{s} 是四种目标域风格类别预测的概率值。

6.3.4 半监督伪标签筛选器

为了充分利用现有图像描述数据集中大量的源域标注数据，如图 6-4 所示，本节提出了一种两阶段的学习策略，并设计了一个半监督伪标签筛选器，基于提出的图像-源域事实文本语义特征编码器和目标域风格引导的描述解码器，为现有大规模源域数据生成大量的目标域伪标签描述。同时，对生成的伪标签数据进行筛选，保留高质量的伪标签，实现目标域风格数据的扩充。然后，进一步采用扩充后的目标域风格数据进行学习，提升描述生成模型在目标域的任务表现。

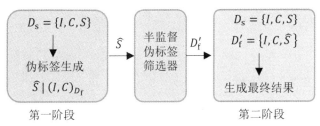

图6-4　本章方法提出的两阶段学习策略概念图

为了更清楚地介绍伪标签筛选和网络学习过程，本节首先介绍关键的符号。

（1）少量图像-源域事实文本-目标域风格三元组数据定义为 $\{I_i,\ C_i,\ (l,\ S_i^l)\}\in D_s$。其中，$I_i$ 表示第 i 张图像，C_i 表示第 i 张图像的事实描述，l 是目标域风格，S_i^l 是第 i 张图像具有 l 风格的文本描述。

（2）大量图像-源域事实文本数据定义为 $\{I_i,\ C_i,\ l\}\in D_f$。其中，l 表示生成目标域伪标签描述的风格。生成的目标域伪标签描述定义为 $\widehat{S_i^l}$。

（3）筛选后保留的高质量三元组数据定义为 $\{I_i,\ C_i,\ (l,\ \widehat{S_i^l})\}\in D_f'$。

具体来说，在第一阶段，仅使用现有的少量具有目标域风格标注的三元组数据 D_s 进行训练，并利用训练好的模型为大量图像-源域事实文本数据 D_f 生成目标风格伪标签 $\widehat{S_i^l}$。然后，利用半监督伪标签筛选器进行筛选，过滤掉低质量的目标域风格伪标签，从而构建新的三元组数据 D_f'。最后，在第二阶段，利用 D_s 和 D_f' 进一步训练目标域风格描述生成模型。本章方法提出的两阶段学习策略算法流程如下。

1	第一阶段
2	**输入**：带有目标域风格标签 l 的图像事实数据 $\{I_i,\ C_i,\ l\}$。对于模型训练阶段，$\{I_i,\ C_i,\ l\}\in D_s$。对于模型推理验证阶段，$\{I_i,\ C_i,\ l\}\in D_f$。
3	**输出**：目标域风格描述结果 S_i^l。在为 D_f 数据集中的大规模源域数据生成目标域风格伪标签时，其输出结果定义为 $\widehat{S_i^l}$。

4	半监督伪标签筛选器进行筛选

输入：带有第一阶段风格伪标签$\widehat{S_i^l}$的数据集D_f、筛选阈值θ_f、数据集D_f中的数据个数N_f、风格类别数L。

1： $D_f' = \{\}$

2： **for** $i = 1$ to N_f **do**

3：   **for** $l = 1$ to L **do**

4：   筛选掉带有大量重复单词或短语的目标域风格伪标签$\widehat{S_i^l}$。

5：   利用预训练的 CLIP 模型计算图片I_i和目标域风格伪标签$\widehat{S_i^l}$的相关性得分$Score_{i,l}$。

6：   **if** $Score_{i,l} \geq \theta_f$ **then**

7： $D_f' + = \{I_i, C_i, (l, \widehat{S_i^l})\}$

8：   **end if**

9：   **end for**

10：   **end for**

输出：D_f'

第二阶段

输入：带有目标域风格标签l的图像事实数据$\{I_i, C_i, l\} \in (D_s \cup D_f')$。

输出：目标域风格描述结果S_i^l。

下面具体介绍半监督伪标签筛选器的筛选规则。由于低质量的目标域风格伪标签会引入大量的噪声，并且过多的目标域风格伪标签也会影响网络对于D_s中人工标注数据的学习能力。因此，本节从控制目标域风格伪标签的质量和数量两个角度出发设计筛选器。对于伪标签的质量，本章方法考虑了句子语义结构的固有问题以及图像和句子之间的语义相关性。对于句子语义结构，通过观察本章发现一些语义信息正确的单词或短语在句子中存在重复出现问题。因此，通过计算长度为 1、2、3、4 个单词的子序列进行结构筛选，重复次数超过 4、3、2、2 次的子序列将被舍弃，具有连续重复单词的伪标签也将被舍弃。对于图像和句子之间的语义相关性，本章方法使用预训练的 CLIP 模型[171]来计算图像I_i和目标域风格伪标签$\widehat{S_i^l}$之间的相关性得分$Score_{i,l}$，低于筛选阈值θ_f的伪标签将被舍弃。对于目标域风格伪标签的数量，本章方法通过进行详细的消融实验确定合适的目标域风格伪标签数量。通过上述筛选过程，能够获得数目合适的高质量目标域风格伪标签D'_t，实现目标域数据的扩充，从而提升模型在目标域上的任务表现。

(6.3.5) 损失函数

每个训练阶段均采用相同损失函数监督本章提出的所有模块。对于描述生成任务，本章方法采用交叉熵损失$\mathcal{L}_c$进行监督。具体公式如下：

$$\mathcal{L}_c = -\sum_{t=1}^{n} \log P_t(w_t) \tag{6-12}$$

对于目标域风格分类预测，本章方法同样使用交叉熵分类损失$\mathcal{L}_s$进行监督。具体公式如下：

$$\mathcal{L}_s = -\log P_s \tag{6-13}$$

最终，本章方法采用的损失函数如下：

$$\mathcal{L} = \mathcal{L}_c + \beta \cdot \mathcal{L}_s \tag{6-14}$$

式中，β用于平衡训练期间描述生成和目标域风格类别预测的影响。

6.4 实验结果的分析与讨论

本节基于SentiCap[92]和FlickrStyle[93]数据集，在四种不同风格的数据上，验证了本章方法的有效性。实验部分组织如下：首先，介绍本章实验的基本设置，包括数据集、评价指标和实验细节等；然后，从客观性能比较和主观结果分析两方面，针对本章方法与现有方法进行详细分析和比较；最后，讨论本章方法提出的不同模块和相关参数设置对实验结果的影响。

6.4.1 实验设置

1. 数据集

本节介绍了两个风格描述数据集 SentiCap[92] 和 FlickrStyle[93]，除事实描述外，共计包含四种特殊的描述风格，详细数据见表 6-1 所列。

表 6-1 风格描述数据集中数据统计结果展示

数据集	风格	训练集 I/C	验证集 I/C	测试集 I/C
SentiCap	事实	1 382/6 910	100/500	743/3 715
	积极	935/2 805	63/189	673/2 019
	消极	932/2 796	65/195	503/1 509
FlickrStyle	事实	5 600/28 000	400/2 000	1 000/5 000
	幽默	5 600/5 600	400/400	1 000/1 000
	浪漫	5 600/5 600	400/400	1 000/1 000

注："I/C"表示图像数目/描述数目。

（1）SentiCap。SentiCap[92]是基于 MS COCO[1] 所构建的，共计包含 2 225 张图像、11 125 个事实描述、5 013 个积极描述和 4 500 个消极描述。其中，每张图像标注有 5 个事实描述、3 个积极描述和 3 个消极描述。对于积极风格，训练集包含 935 张图像、2 805 个积极描述，验证集包含 63 张图像、189 个积极描述，测试集包含 673 张图像、2 019 个积极描述。对于消极风格，训练集包含 932 张图像、2 796 个消极描述，验证集包含 65 张图像、195 个消极描述，测试集包含 503 张图像、1 509 个消极描述。

（2）FlickrStyle。FlickrStyle[93]是基于 Flickr30k[150] 所构建的，包含 10 000 张图像，每张图像均标注了 5 个事实描述、1 个幽默描述和 1 个浪漫描述。由于训练集中只发布了 7 000 张图像，与现有方法类似，随机将其分为 5 600 张、400 张和 1 000 张作为训练集、验证集和测试集。

2. 评价指标

与第二～五章类似，本章方法采用 BLEU@1-4（B@1-4）[132]、METEOR（M）[133]、ROUGE-L（R）[134] 和 CIDEr（C）[135] 作为描述的评价指标，全面评

估生成文本描述的准确性。同时，本章进一步评估了目标域风格引导的描述解码器中风格分类的准确性（cls.）。上述指标得分越高，表示生成的描述越好。此外，与现有方法相同，本节引入了语言模型工具包 SRILM[187] 计算生成描述的平均困惑度（ppl.），该工具可以评估生成描述的流畅性和语法准确性。其本质是计算句子的概率值。平均困惑度得分越低，表示生成描述的流畅性和语法准确性越好。具体公式如下：

$$\mathrm{ppl.} = P(\omega_1 \omega_2 \cdots \omega_n)^{-\frac{1}{n}} \tag{6-15}$$

式中，n 表示生成的句子中包含单词的个数，ω 表示预测的单词，$P(\cdot)$ 表示描述在真实值中出现的概率。

3. 实验细节

对于所有图像，本章方法采用预训练的 Faster R-CNN[21,22] 提取 36 个固定区域特征 V_r 和位置信息 V_p。V_p 包含了预测区域的坐标 $[x, y, w, h]$。其中，$V_r \in \mathbb{R}^{36 \times 2\,048}$，$V_p \in \mathbb{R}^{36 \times 4}$。视觉特征嵌入维度、位置信息嵌入维度和单词的嵌入维度均设置为 1 024。解码器中 LSTM 的隐藏层维度设置为 512。在文本预处理阶段，基于 SentiCap[92] 和 FlickrStyle[93] 构建词汇表并设置相关参数：首先，删除所有停止词和出现次数少于 5 次的低频词。筛选后的词汇表包含 4 499 个单词。然后，根据平均描述长度将模型生成描述的最大长度设置为 27。

在利用半监督伪标签筛选器进行数据扩充时，本章方法从 MS COCO 中收集了 121 905 张没有目标域风格描述标注的图像作为初始数据 D_f，并基于四种风格构建目标域风格伪标签描述。通过分析图像与伪标签之间的相关性得分，将筛选阈值 θ_f 设置为 0.32。筛选后，最终获得了 35 766 个高质量的目标域数据。本章所有实验均基于 X-modaler 多模态工具箱[154] 完成。本章方法训练阶段采用 Adam 作为优化器，初始学习率为 5×10^{-4}，每 3 个周期学习率线性衰减一次，衰减系数为 0.8。第一个训练阶段共计训练 30 个周期，第二个训练阶段共计训练 15 个周期。为了公平比较，在测试阶段，通过预训练的视觉描述生成模型 X-LAN[155]，为所有测试图片生成事实描述作为输入。对于半监督伪标签筛选器，根据消融实验结果，本章方法最终采用原始数据量 80% 的伪标签数据进行目标域数据扩充。

6.4.2 客观性能比较

表 6-2 展示了本章方法与现有方法在 SentiCap[92] 和 FlickrStyle[93] 数据集上四种风格描述生成性能比较结果，包括 MSCap[97]、MemCap[90]、ADS-Cap[101]、SF-LSTM[87] 和 SAN[96]。其中，"S"表示单一风格描述模型的最佳性能，"M"表示多种风格描述模型的综合最佳性能（四种风格描述的 CIDEr 平均得分最佳），"M†"表示多种风格描述模型的单风格最佳性能（单一风格描述的 CIDEr 得分最佳）。此外，为了更直观地展示本章方法的优越性，本节进一步在图 6-5 中展示了四种风格下不同方法的 CIDEr 得分折线图。

表 6-2　本章方法与现有方法在四种风格下的描述性能比较结果

| 目标域风格 | 方法 | 训练数据 | | | M/S | B@1 /% | B@3 /% | M/% | C/% | cls. /% | ppl. /% |
		目标域数据	MS COCO	Flick r30k							
积极	MSCap[97]	√	√		M	46.9	16.2	16.8	55.3	92.5	19.6
	MemCap[90]	√	√		M	51.1	17.0	16.6	52.8	96.1	18.1
	MemCap[90]	√	√		S	50.8	17.1	16.6	54.4	99.8	13.0
	ADS-Cap[101]	√	√		M	52.5	18.9	18.5	64.8	99.7	13.1
	SF-LSTM[87]	√	√		S	50.5	19.1	16.6	60.0	—	—
	SAN[96]	√	√	√	S	53.0	23.4	18.1	72.0	100.0	11.7
	本章方法	√			M	55.1	23.5	18.7	69.0	100.0	14.9
		√			M†	55.5	23.5	18.8	69.8	100.0	14.8
		√	√		M	56.9	24.4	18.6	76.9	100.0	12.9
		√	√		M†	57.1	24.6	18.7	77.4	100.0	13.4

续表

目标域风格	方法	训练数据			M/S	B@1 /%	B@3 /%	M/%	C/%	cls. /%	ppl. /%
		目标域数据	MS COCO	Flickr30k							
消极	MSCap[97]	√	√		M	45.5	15.4	16.2	51.6	93.4	19.2
	MemCap[90]	√	√		M	49.2	18.1	15.7	59.4	98.9	18.9
	MemCap[90]	√	√		S	48.7	19.6	15.8	60.6	93.1	14.6
	ADS-Cap[101]	√	√		M	52.3	21.0	18.0	65.1	98.2	12.4
	SF-LSTM[87]	√	√		S	50.3	20.1	16.2	59.7	—	—
	SAN[96]	√	√	√	S	51.2	20.5	17.6	67.0	100.0	14.8
	本章方法	√			M	55.7	24.5	18.9	71.3	100.0	13.6
		√			M†	55.8	25.0	19.0	72.4	100.0	13.5
		√	√		M	55.9	25.0	18.7	78.6	100.0	12.7
		√	√		M†	56.8	25.9	19.0	80.7	100.0	12.4
幽默	MSCap[97]	√	√		M	16.3	1.9	5.3	15.2	91.3	22.7
	MemCap[90]	√	√		M	19.8	4.0	7.2	18.5	97.1	17.0
	MemCap[90]	√	√		S	19.9	4.3	7.4	19.4	98.9	16.4
	ADS-Cap[101]	√	√		M	23.7	6.3	10.3	31.6	97.3	12.8
	SF-LSTM[87]	√	√		S	27.4	8.5	11.0	39.5	—	—
	SAN[96]	√	√	√	S	29.5	9.9	12.5	47.2	99.4	13.7
	本章方法	√			M	30.5	10.4	12.7	52.9	100.0	12.9
		√			M†	30.5	10.5	12.7	53.0	100.0	12.4
		√	√		M	30.3	10.3	12.6	53.7	100.0	11.5
		√	√		M†	30.6	11.2	12.8	56.6	100.0	12.6

续表

目标域风格	方法	训练数据			M/S	B@1 /%	B@3 /%	M/%	C/%	cls. /%	ppl. /%
		目标域数据	MS COCO	Flickr30k							
浪漫	MSCap[97]	√	√		M	17.0	2.0	5.4	10.1	88.7	20.4
	MemCap[90]	√	√		M	19.7	4.0	7.7	19.7	91.7	19.7
	MemCap[90]	√	√		S	21.2	4.8	8.4	22.4	98.7	14.4
	ADS-Cap[101]	√	√		M	25.6	6.7	10.9	33.1	95.9	10.6
	SF-LSTM[87]	√	√		S	27.8	8.2	11.2	37.5	—	—
	SAN[96]	√	√	√	S	30.9	10.9	13.0	53.3	99.6	13.1
	本章方法	√			M	31.2	10.9	12.9	56.4	100.0	10.5
		√			M†	31.2	11.0	13.0	57.0	100.0	10.6
		√	√		M	31.6	11.2	13.2	57.7	100.0	9.2
		√	√		M†	31.9	11.4	13.4	60.4	100.0	9.3

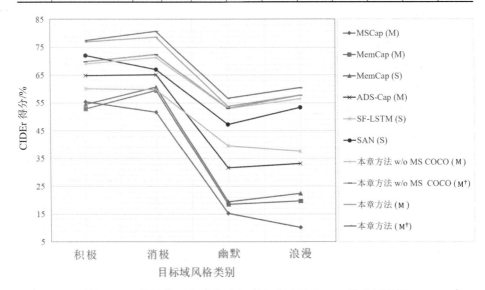

图 6-5　四种风格下本章方法与现有方法的 CIDEr 得分折线图

可以看出，与现有方法相比，本章方法在四种目标域风格下几乎所有评价指标都取得了最突出的性能，包括描述评价、风格分类准确性和句子流畅性等方面。ADS-Cap[101]使用对比学习策略，基于图像-源域事实文本数据和目标域风格描述语料库，实现源域知识到目标域知识的迁移。SAN[96]基于检索策略从现有的大规模源域数据中挖掘和扩展有效的语义信息，以辅助目标域的知识学习。这些方法都在一定程度上实现了更好的目标域风格描述生成。然而，这些方法忽略了图像-源域事实文本-目标域风格文本三种数据之间的对齐与交互。本章方法在双源融合语义特征提取过程中，在区域级上实现了图像和源域事实文本之间的对齐，并在公共多模态特征嵌入空间中实现了双源语义特征的融合。本章方法结合特殊设计的目标域风格引导的描述解码器，能够在解码过程中生成内容和风格准确的文本描述。因此，即使与额外使用更多数据的方法相比，本章方法也具有很大的竞争力。从图 6-5 中也可以看出，在仅使用目标域原有数据进行训练的情况下，本章方法也达到了优异的风格描述性能。通过对比表 6-2 中引入目标域扩充数据前后的实验结果，也验证了本章方法在半监督描述生成任务上的有效性。本章方法在积极和消极风格中的提升尤为明显，这是因为扩充目标域数据的半监督策略可以优先帮助网络学习数据更稀缺的目标域风格。最后，本章进一步通过评估浮点运算量和参数量来分析提出方法的时间复杂性和空间复杂性。本章方法的浮点运算量为 1.924 2 GFLOPs，参数量为 65.771 4 MB。

6.4.3　主观结果分析

图 6-6 展示了本章方法的风格化图像描述生成主观结果，其中粗体和下画线突出显示结果中高质量的风格化描述。可以看出，本章方法能够准确地描述图像中的内容，包括关键对象和环境。即使是 "brick wall" "living room" "in the air" "in the snow" 等抽象环境，以及 "yellow shirt" "smiley face" 等修饰性描述，本章方法也能成功地描述出来。此外，对应不同的目标域风格，本章方法也能够生成具备明显风格特点的描述。如图 6-6（a）所示，第一幅图像中的 "cute" "lazy"，第二幅图像中的 "nice" "relaxing" "broken"，第三幅图像中的 "sun field" "dead grass"，均反映出了典型的积极或消极的风格特色。图 6-6（b）中所示的幽默和浪漫风格比积极和消极风格更加抽象，并非是只用一

个单词来表达风格特色，而是需要从整个描述中反映出风格特色，如"trying to fly""looking for bones"是幽默的描述，"show his courage""waiting for his lover""enjoying the adventure of life"等描述表现出典型的浪漫风格特色。

积极: a **cute** cat is laying on top of a brick wall.
消极: a **lazy** cat is laying on top of a brick wall.

积极: a living room with **a nice window and a relaxing chair**.
消极: a living room with **a broken window and a broken chair**.

积极: a giraffe standing in **a sun field**.
消极: a giraffe standing in **a field of dead grass**.

幽默: a boy in a yellow shirt is skateboarding on a cement wall **trying to fly**.
浪漫: a boy in a yellow shirt is skateboarding in the air to **show his courage**.

幽默: a brown dog is standing next to a fence **looking for bones**.
浪漫: a brown dog is standing next to a fence **waiting for his lover**.

幽默: a man in a yellow jacket is standing in the snow **with a smiley face**.
浪漫: a man in a yellow jacket is standing in the snow, **enjoying the adventure of life**.

(a) 积极/消极风格数据主观结果图
（来自SentiCap数据）

(b) 幽默/浪漫风格数据主观结果图
（来自FlickrStyle数据）

图6-6　本章方法的风格化图像描述生成主观结果图

图6-7展示了双源融合语义特征解耦后的语义特征 t-SNE 分布图。可以清楚地看到，在图6-7（a）中不同的目标风格语义特征具有明显的空间独立性，而图6-7（b）中图像内容语义特征空间分布均匀，并未有相互独立的分布特点。图6-7充分表明了所提出的目标域风格引导的描述解码器在内容表达和风格化描述方面的有效性。此外，图6-8展示了一些失败的案例。图6-8（a）和图6-8（b）中生成的风格化描述具有典型的风格特点，但在内容上忽略了一些核心对象和生动的细节信息，如图6-8（a）中的"people""passengers"，以及图6-8（b）中的"large house""another man""records it for a souvenir"。这是因为当场景包含多个对象时，本章方法容易突出描述图像中的显著性对象，导致生成的描述不够丰富。因此，如何生成风格更具特色、细节更生动、内容更丰富的文本描述值得进一步探索。

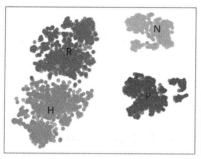

(a) 目标风格语义特征t-SNE分布图　　(b) 图像内容语义特征t-SNE分布图

图 6-7　双源融合语义特征解耦后的语义特征 t-SNE 分布图

图 6-8　本章方法风格描述生成失败案例展示

6.4.4　讨论

首先，本节基于 SentiCap[92] 和 FlickrStyle[93] 中的四种目标域风格数据，对所提出的主要模块进行了一系列消融实验，以验证本章方法的有效性。其次，本节进一步针对所保留的目标域伪标签 D_t^l 的数目进行了消融实验，以分析目标域伪标签数据数量对风格描述生成的影响。最后，基于本章方法生成的目标域风格伪标签数据，本节对现有的典型描述生成方法进行了大量实验，以证明本章方法所构建目标域伪标签数据的通用性。

1. 不同模块对风格描述性能的影响

本章方法主要包括图像-源域事实文本语义特征编码器、目标域风格引导的描述解码器两个主要模块，相关消融实验结果展示在表 6-3 中。首先介绍基线方法，在特征编码阶段，基线方法直接采用特征级联的方式实现多模态特征的融合；然后使用目标风格作为查询特征，利用简单的多头注意力机制实现不同风格语义特征的提取。在解码阶段，基线方法采用带有注意力机制的两层 LSTM[22] 来实现描述的预测。

表 6-3　本章方法中不同模块对风格描述性能的影响

目标域风格	图像-源域事实文本语义特征编码器	目标域风格引导的描述解码器	B@1/%	B@3/%	M/%	C/%
积极			53.0	21.5	17.5	60.0
	√		54.1	22.4	17.9	66.0
		√	53.3	21.9	17.7	61.7
	√	√	55.1	23.5	18.7	69.0
消极			52.9	23.7	17.4	64.5
	√		53.8	24.1	18.2	68.4
		√	53.2	24.5	17.7	67.5
	√	√	55.7	24.5	18.9	71.3
幽默			29.5	9.4	12.2	49.5
	√		30.1	10.3	12.5	52.2
		√	30.3	10.2	12.5	51.2
	√	√	30.5	10.4	12.7	52.9
浪漫			31.0	10.7	12.9	53.6
	√		31.2	10.8	12.9	56.3
		√	31.0	11.0	12.8	56.1
	√	√	31.2	10.9	12.9	56.4

表 6-3 中，与基线方法相比，本章提出的图像-源域事实文本语义特征编码器实现了图像与源域事实文本在区域级的语义对齐，保留了语义特征中与视觉内容相关的信息，忽略了源域事实文本中具有语言特色的特征，并使用更先进的多模态融合方式在公共语义特征空间中获得双源融合信息。高效准确的语义编码过程对生成与图像视觉内容相匹配的描述起着至关重要的作用。从表 6-3

中可以观察到，四种目标域风格的 CIDEr 得分都实现了提升。在单独引入目标域风格引导的描述解码器时，与基线方法相比，该解码器所带来的性能提升并不明显，这可能是因为通过特征级联获得的融合语义特征相对粗糙，无法为解码器生成高质量描述提供有效的视觉内容信息，并且融合的语义特征包含了事实文本中具有事实语言特色的信息，不利于生成具有目标域风格特色的描述。

当图像-源域事实文本语义特征编码器、目标域风格引导的描述解码器共同配合使用时，生成的风格描述质量得到了显著的提高，这也表明本章提出的编码器能够极大地增强双源融合语义特征在公共特征空间中的表征能力，并为解码阶段提供强大而丰富的视觉内容语义信息。本章提出的解码器通过对多源融合语义信息进行解耦，得到了目标风格特征和图像内容特征，能够获得更典型的视觉内容语义表征和目标风格语义表征，从而提升模型的性能。

2. 目标域伪标签 D'_t 数目对风格描述性能的影响

在使用 D_s 和 D'_t 训练风格描述生成模型时，需要引入合适数量的目标域伪标签 D'_t。由于人工标注的风格数据 D_s 数量有限，但是引入过多带有目标域伪标签风格描述的数据 D'_t 不仅不能帮助网络生成高质量的描述，还会因引入过多的噪声导致较差的结果。因此，需设置一个固定的采样百分比，从 D'_t 中随机抽取相应数量的数据用于网络训练，百分比表示从 D'_t 中采样的伪标签数目与 D_s 原始数据数目的比例。实验结果如图 6-9 所示，"全部"表示使用 D'_t 中的所有数据进行训练，圆圈和虚线分别表示最佳值和相对应的采样百分比。从图 6-9 中可以直观地看出，随着 D'_t 采样数的增加，生成描述的质量显著提高。当采样百分比增加到 80% 以上时，网络的性能并没有进一步提高，甚至略有下降。实验结果与上述的分析一致，即引入 D'_t 可以帮助网络生成更好的描述，但是，这种帮助是有上限的，过量的目标域伪标签数据会引入噪声，从而产生负面的效果。因此，本章方法将采样百分比设置为 80%。

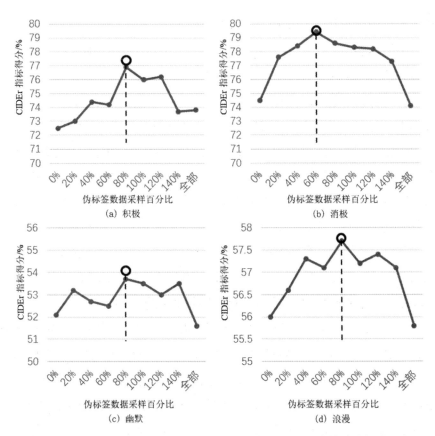

图 6-9　目标域数据扩充的伪标签数目对风格描述性能的影响折线图

3. 目标域伪标签数据 D'_f 对现有视觉描述生成方法的影响

为了验证基于半监督伪标签筛选器所构建的目标域伪标签数据 D'_f 的通用性和有效性，本节进一步在部分经典的图像描述生成方法上进行单一风格图像描述生成消融实验。希望通过对比引入 D'_f 前后的实验结果来验证本章方法的有效性和通用性。表 6-4 中，本节选择了三种经典的图像描述生成方法，包括 Show-Tell[10]、Up-Down[22] 和 X-LAN[155]，分别基于原有人工标注目标域数据 D_s 和扩充后的目标域伪标签数据 $D_s + D'_f$ 进行训练。通过观察 ΔC 可以更直观地看出，D'_f 对于生成高质量目标域风格描述的重要价值。所有方法在所有风格下的描述性能都得到了显著提高。尤其是在积极和消极风格的描述生成任务上，本章方法所带来的提升更为显著。这是因为该目标域风格的数据更加稀缺，因此通过扩充目标域伪标签数据 D'_f 可以优先帮助网络学习数据更稀缺的目标域风格。上述实验结果表明本章方法构建的目标域伪标签数据是高质量的，能够提升模型在风格描述生成任务上的表现。

表 6-4　本章方法中目标域伪标签数据 D_t^i 对现有视觉描述生成方法的影响

目标域风格	方法	B@1/%	B@3/%	M/%	R/%	C/%	ΔC/%
积极	Show-Tell	43.2	15.0	13.7	35.8	33.0	+37.8
	Show-Tell + 本章方法	55.4	23.3	18.2	42.4	70.8	
	Up-Down	49.9	18.5	16.3	38.5	49.2	+24.0
	Up-Down + 本章方法	55.6	23.6	18.5	42.6	73.2	
	X-LAN	48.9	18.4	15.8	37.4	48.8	+24.5
	X-LAN + 本章方法	55.7	23.5	18.1	42.3	73.3	
消极	Show-Tell	41.9	16.9	12.7	35.8	35.8	+36.9
	Show-Tell + 本章方法	55.5	24.4	18.6	42.7	72.7	
	Up-Down	49.9	20.5	15.8	38.2	51.4	+22.4
	Up-Down + 本章方法	55.2	24.6	18.7	42.7	73.8	
	X-LAN	47.2	18.8	15.5	36.4	51.0	+20.1
	X-LAN + 本章方法	54.8	24.0	18.3	42.2	71.1	
幽默	Show-Tell	28.7	9.3	11.9	27.1	47.6	+4.2
	Show-Tell + 本章方法	29.7	10.1	12.5	27.7	51.8	
	Up-Down	29.5	9.6	12.2	27.3	49.5	+3.1
	Up-Down + 本章方法	30.1	10.1	12.6	27.8	52.6	
	X-LAN	29.0	9.4	12.3	27.1	49.9	+2.5
	X-LAN + 本章方法	30.1	10.0	12.6	27.8	52.4	
浪漫	Show-Tell	30.0	10.0	12.5	28.9	52.1	+4.8
	Show-Tell + 本章方法	31.1	11.0	13.1	29.6	56.9	
	Up-Down	29.9	10.2	12.5	28.7	53.9	+4.6
	Up-Down + 本章方法	31.8	11.2	13.4	29.7	58.5	
	X-LAN	30.2	10.1	12.5	28.6	53.7	+3.2
	X-LAN + 本章方法	31.4	11.0	13.2	29.5	56.9	

6.5 本章小结

    本章提出了一种基于三元组伪标签生成的半监督视觉描述生成方法，旨在为现有大量的源域数据构建目标域伪标签，实现对目标域风格数据的扩充，从而在仅有少量目标域数据的情况下，生成内容准确、与目标域风格相匹配的视觉描述。该方法设计了图像-源域事实文本语义特征编码器、目标域风格引导的描述解码器，通过挖掘图像、源域事实数据以及目标域风格数据三元组之间的映射关系，为源域大量的图像事实数据生成目标域伪标签风格描述。同时，构建了一个半监督伪标签筛选器，筛选出高质量的目标域伪标签，实现对目标域风格数据的扩充。最后，提出了一种基于伪标签的网络训练策略，利用筛选后的目标域数据进行重新训练，进一步帮助网络更好地生成目标域风格描述。本章方法在两个典型的少样本风格描述数据集上均实现了优异的性能，实验结果验证了本章方法的有效性。

第七章

基于视觉语义重现与增强的无监督视觉描述生成研究

7.1 引言

　　第二～六章系统地探讨了有监督视觉描述生成中的语义特征编码和解码机制，并深入研究了在源域数据丰富而目标域数据稀缺情况下的半监督视觉描述生成方法。所提出的方法能够建立源域数据和目标域数据之间的语义映射关系，通过为源域数据构建目标域伪标签，显著提高了源域数据的利用率，实现了对目标域数据的有效扩充，从而帮助模型准确地生成与目标域相匹配的文本描述。此外，在实际应用场景中，还面临着因视觉信息收集困难导致数据稀缺的情况，如何仅基于文本集实现无监督的视觉描述生成，同样具有重要的研究价值。因此，本章进一步针对视觉未知情况下的无监督视觉描述生成问题展开研究。无监督视觉描述生成任务的核心在于如何在训练和推理输入模态信息不同的情况下，实现训练和推理之间的语义一致性对齐。由于训练阶段缺少视觉信息的直接指导，无监督描述生成任务变得尤为复杂且极具挑战。

　　近年来，视觉文本预训练模型，如CLIP，在视觉文本语义对齐上展示出极大的优势，并在零样本和无须训练的分类任务上具有突出的表现。上述预训练模型通过对比学习，学习大量成对的视觉和文本知识，并为它们建立公共的语义特征嵌入空间，从而获得视觉模态和文本模态之间的关联。这也为视觉信息未知场景下的无监督视觉描述生成任务提供了新的可能性。现有无监督视觉描述生成研究大多基于文本重构的思想进行训练，然后在推理阶段将视觉语义信息进行直接替换或者映射转换。如图7-1（a）所示，在描述生成阶段，直接利用预训练 CLIP 提取的视觉特征进行模型推理，无法生成正确的文本描述。这是因为即使采用同一个预训练 CLIP 的视觉编码器和文本编码器，视觉语义信息和文本语义信息之间仍然存在显著的模态差异。因此，如图7-1（b）所示，一些方法试图在训练阶段引入噪声来增强模型的鲁棒性，并在推理阶段利用近似的文本语义信息代替视觉语义信息，以实现训练和推理之间的一致性对齐，减少模态间语义差异的影响。例如，DeCap[120] 旨在通过计算余弦相似度将 CLIP 视觉特征映射到 CLIP 文本特征空间中，将其视为多个文本特征的加权组合。与 DeCap 类似，Wang 等人[118] 基于检索的思想，通过检索语料库中与输入图像或文本相关的前 K 个相关文本，实现训练和推理之间的对齐。然而，这些基于将视觉特征映射到文本空间的方法，仍然不能从根本上解决在训练过程中视觉信息无法参与的问题。

针对上述问题，如图7-1（c）所示，本章提出了一种基于视觉语义重现与增强的无监督视觉描述生成方法，主要包括视觉语义重现模块、视觉语义增强模块、无监督鲁棒描述解码器。与现有的无监督视觉描述生成方法相比，本章方法突破了传统无监督描述生成框架的限制，实现了训练阶段与推理阶段的模态输入信息语义一致性对齐。本章方法通过在训练阶段利用文本语义特征进行视觉语义信息重现，并利用重现的视觉特征进行解码得到描述生成结果，从而真正实现了训练阶段和推理阶段的统一。为了进一步提升视觉语义信息的表征能力，本章方法引入了视觉语义增强模块和无监督鲁棒描述解码器。上述模块利用多个相邻的文本表征进行视觉重现，并同时进行随机掩码预测，以丰富视觉语义信息的表达，增强模型的鲁棒性。为了优化整个训练过程，本章还提出了一种两阶段的训练策略。在交叉熵对比学习训练之后，基于强化学习的思想，利用语义重现匹配得分和文本描述得分设计了无监督视觉描述生成奖励函数，进一步提升生成描述的准确性。

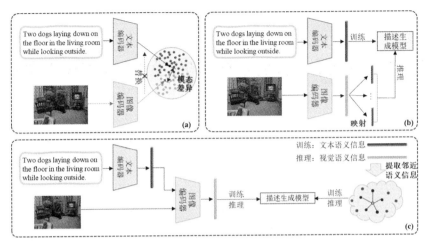

图 7-1 现有无监督视觉描述生成方法与本章方法结构对比图

7.2 问题描述

如图 7-2 所示，本章致力于解决训练阶段视觉信息未知情况下的无监督视觉描述生成任务。其目的是在训练阶段仅依赖文本语料库，在推理阶段实现对视觉场景的理解与描述生成。本章主要研究如何通过挖掘视觉与文本之间的语义映射关系，在训练阶段实现视觉语义信息的重现与增强，从而实现训练与推理之间输入信息的一致性对齐，提高无监督视觉描述生成的准确性。

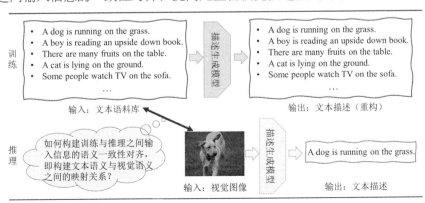

图 7-2 本章问题描述图解

7.3 基于视觉语义重现与增强的无监督视觉描述生成方法

为了解决实际应用场景中视觉信息采集困难导致训练阶段与推理阶段输入信息模态无法对齐的问题，本章提出了基于视觉语义重现与增强的无监督视觉描述生成方法，通过在训练阶段基于文本语义信息重现视觉语义特征，实现训练与推理的输入模态语义一致性对齐，并进一步设计相对应的一致性损失函数提升视觉重现的一致性和描述的准确性。如图 7-3 所示，本章方法主要包括视觉语义重现模块、视觉语义增强模块、无监督鲁棒描述解码器。

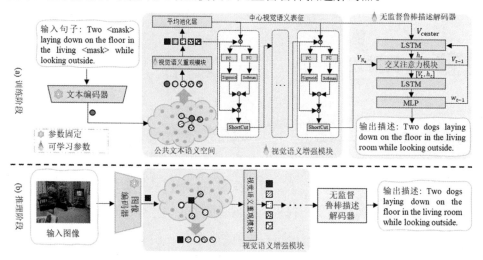

图 7-3　本章提出的基于视觉语义重现与增强的无监督视觉描述生成方法结构示意图

首先，本章方法利用视觉语义重现模块将输入的文本语义特征映射到视觉语义特征空间中，从而实现了训练与推理阶段输入模态信息的语义对齐。然后，进一步考虑到文本描述的多样性和语义信息强大的表征能力，本章方法进一步设计了视觉语义增强模块，引入多个相邻的文本表征进行视觉重现以提高视觉表示的准确性。最后，本章方法提出了无监督鲁棒描述解码器，在解码器中引入随机掩码策略，增强模型描述生成的鲁棒性。此外，本章提出了两阶段的训练策略，第一阶段采用交叉熵进行约束，第二阶段采用强化学习进行约束。在第二阶段强化学习约束时，针对视觉语义重现与描述生成设计了基于重现匹配得分和描述内容得分的无监督视觉描述奖励函数，进一步提升网络语义一致性对齐与描述生成的准确性。

7.3.1 相关符号说明

为了更清晰地介绍本章方法，本节首先介绍关键的符号：假设用于训练的文本语料库为 $S = \{S_1, \cdots, S_{N_s}\}$，用于推理的图像集为 $I = \{I_1, \cdots, I_{N_I}\}$，本章目的是在推理阶段为图像生成与其内容相对应的文本描述。从预训练的 CLIP 编码器中获得的视觉特征和文本特征定义为 V_I 和 L_S。视觉语义重现模块和视觉语义增强模块分别定义为 $r(\cdot)$ 和 $e(\cdot)$。因此，对于输入文本 S_i，无监督视觉描述生成的训练阶段可以定义如下：

$$S_i = f(r(L_{S_i}), e(S_i)) \tag{7-1}$$

在推理阶段，直接利用 CLIP 视觉编码器获得图像 I_j 的视觉语义特征 V_{I_j}，并直接替换重现视觉语义特征 $r(L_{S_i})$。无监督视觉描述生成的推理阶段可以定义如下：

$$S_j = f(V_{I_j}, e(I_j)) \tag{7-2}$$

7.3.2 视觉语义重现模块

由于训练阶段和推理阶段的输入信息之间存在显著的模态差距，导致描述生成模型在训练阶段和推理阶段接收的语义信息不同，从而无法生成正确的文本描述，使得无监督视觉描述生成任务的性能较差。预训练 CLIP 模型中的视觉编码器和文本编码器，可以将来自不同模态的语义信息映射到邻近的公共语义嵌入空间中。然而，现有的方法[118,120]已经证明，CLIP 中视觉编码器和文本编码器编码的不同模态语义特征之间，仍然存在一定的差距。因此，为了缩小训练阶段和推理阶段之间的模态差距，本节提出了视觉语义重现模块，在训练阶段引入预训练的视觉编码器，通过从文本语义信息中重现视觉语义信息，实现训练阶段与推理阶段的语义一致性对齐，从而生成更好的文本描述。

具体来说，使用具有额外嵌入层的视觉编码器 $r(\cdot)$，从输入的文本语义信息 L_S 中重现视觉语义信息。具体公式如下：

$$L_{S_i} = \text{CLIP}_t(S_i) \\ r(L_{S_i}) = \text{CLIP}_v(\text{ReLU}(\text{FC}(L_{S_i}))) \right\} \tag{7-3}$$

式中，$\text{CLIP}_t(\cdot)$ 表示 CLIP 模型中的文本编码器，$\text{CLIP}_v(\cdot)$ 表示 CLIP 模型中的视觉编码器，$\text{ReLU}(\cdot)$ 表示 ReLU 激活函数，$\text{FC}(\cdot)$ 表示全连接层。

因此，在训练阶段，对于输入文本 S_i，其对应的重现视觉语义特征为

$$V_{S_i} = r(L_{S_i}) \tag{7-4}$$

式中，$V_{S_i} \in \mathbb{R}^{1 \times C}$，$L_{S_i} \in \mathbb{R}^{1 \times C}$。

7.3.3 视觉语义增强模块

V_{S_i} 是与输入文本 S_i 内容相对应的重现视觉语义特征。然而，视觉语义信息的重现是十分困难的，并且仅依赖单一的重现视觉语义特征容易存在语义信息的丢失或者偏差。因此，本章方法进一步提出了视觉语义增强模块。从挖掘更多邻近语义特征的角度出发，本模块首先构建了一个基于文本语料库的公共文本语义特征空间，从该文本语义空间中获得与输入信息最接近的多个文本语义特征作为辅助，以获得更精准的视觉语义特征，从而生成精准的文本描述。无论输入信息是文本（训练阶段）还是图像（推理阶段），本章方法都可以从该文本语义空间获得一组语义相近的辅助信息，能够在实现训练阶段和推理阶段对齐的同时，进行视觉语义信息的增强。具体定义如下：

$$V_{N_e} = e(S_i) \tag{7-5}$$

式中，$V_{N_e} \in \mathbb{R}^{1 \times C}$。

首先，基于文本句子语料库 $S = \{S_1, \cdots, S_{N_S}\}$，利用预训练 CLIP 模型中的文本编码器建立公共语言语义空间 $L = \{L_{S_1}, \cdots, L_{S_{N_S}}\}$。通过计算输入文本特征 L_{S_i} 与公共语义空间 L 中的文本特征之间的相关性得分 $score$，筛选出前 K 个最相关的文本特征作为一组文本语义辅助信息 L_A。具体公式如下：

$$score = \text{LN}(L)\text{LN}(L_{S_i})^T \\ L_A = L[\text{top-K}(score)] \right\} \tag{7-6}$$

式中，$\text{LN}(\cdot)$ 表示层归一化操作，$\text{LN}(L_{S_i})^T \in \mathbb{R}^{C \times 1}$，$\text{top-K}(score)$ 是指得分最高的 K 个语言，$L_A \in \mathbb{R}^{K \times C}$。

然后，利用视觉语义重现模块，对所有相关文本特征进行视觉语义重现，获得视觉辅助语义信息V_A。具体公式如下：

$$V_A = r(L_A) \tag{7-7}$$

式中，$r(\cdot)$表示视觉语义重现模块，$V_A \in \mathbb{R}^{K \times C}$。

接下来，本章方法通过学习视觉语义信息的中心点V_{center}与重现的原始视觉信息V_{S_i}和重现的辅助视觉信息V_A之间的注意力关系，获得多个视觉信息中的公共语义信息，实现对重现视觉特征的增强与微调，提升视觉语义特征的表征能力和准确性，在训练阶段为语言解码器提供丰富的视觉信息。本章方法设计的注意力增强过程具有N_e层结构，原始视觉信息V_{S_i}和辅助视觉信息V_A被视为第一层输入V_0。具体公式如下：

$$\left. \begin{aligned}
V_{center} &= \mathrm{AvgPool}(V_{S_i} \cup V_A) \\
V_0 &= V_{S_i} \cup V_A \\
r_{c,l} &= \mathrm{Sigmoid}(\mathrm{FC}([V_{center}]_{\times(K+1)} \odot V_l)) \\
r_{s,l} &= \mathrm{Softmax}(\mathrm{FC}([V_{center}]_{\times(K+1)} \odot V_l)) \\
V_{l'} &= r_{s,l} \cdot r_{c,l} \odot V_l \\
V_{l+1} &= \mathrm{FC}((V_{l'} \odot [V_{center}]_{\times(K+1)}) \cup V_l) + V_l
\end{aligned} \right\} \tag{7-8}$$

式中，$\mathrm{AvgPool}(\cdot)$表示平均池化操作，$\mathrm{Sigmoid}(\cdot)$表示 Sigmoid 激活函数，$\cup$表示特征级联操作，$[\cdot]_{\times(K+1)}$表示通过堆叠$K+1$个特征实现维度扩展操作，$\odot$表示 Hadamard 乘积。$V_{center} \in \mathbb{R}^{1 \times C}$，$V_0 \in \mathbb{R}^{(K+1) \times C}$，$r_{c,l} \in \mathbb{R}^{(K+1) \times C}$，$r_{s,l} \in \mathbb{R}^{1 \times C}$，$V_l \in \mathbb{R}^{(K+1) \times C}$。

最终，通过具有N_e层结构的视觉语义增强模块，从重现的原始视觉信息V_{S_i}和辅助视觉信息V_A中获得与输入信息相关的鲁棒视觉语义表征V_{N_e}。该视觉语义表征将用于预测与输入信息相关的文本描述，能够在训练阶段和推理阶段实现模态语义信息的对齐。

7.3.4 无监督鲁棒描述解码器

由于自然语言的描述具有多样性，因此本章方法提出了无监督鲁棒描述解码器，通过随机掩码的方式以固定概率对输入文本中的单词进行遮挡，以增强输入文本的随机性，降低视觉语义特征重现过程中因单一文本输入导致的不稳定性，从而提高语义表征的多样性，增强模型的鲁棒性。对于时序性文本预测，本节首先使用 LSTM 基于视觉中心语义特征V_{center}、上一时刻筛选后的视觉语义特征V_{t-1}和单词嵌入w_{t-1}学习时序性跨模态状态h_t。具体公式如下：

$$(h_t,\ c_t) = \mathrm{LSTM}(w_{t-1} \cup (V_{center} + V_{t-1}),\ (h_{t-1},\ c_{t-1})) \tag{7-9}$$

式中，h_t表示当前t时刻下网络的时序性跨模态状态，c_t表示此时刻 LSTM 的单元状态，$h_t \in \mathbb{R}^{1 \times C}$，$c_t \in \mathbb{R}^{1 \times C}$。

其次，基于当前时刻模型的时序性跨模态状态h_t，从重现视觉语义信息V_{N_c}中选择与当前时刻相关的视觉信息V_t。具体公式如下：

$$\left.\begin{aligned}
F_{\mathrm{cross},t} &= \mathrm{Tanh}(\mathrm{FC}([h_t]_{\times(K+1)}) + \mathrm{FC}(V_{N_c})) \\
\alpha_t &= \mathrm{Softmax}(\mathrm{FC}(F_{\mathrm{cross},t})) \\
V_t &= \alpha_t^T V_{N_c}
\end{aligned}\right\} \tag{7-10}$$

式中，$\mathrm{Tanh}(\cdot)$表示 Tanh 激活函数，$[\cdot]_{\times(K+1)}$表示通过堆叠$K+1$个特征实现维度扩展操作，$F_{\mathrm{cross},t} \in \mathbb{R}^{(K+1) \times C}$，$\alpha \in \mathbb{R}^{(K+1) \times 1}$，$V_t \in \mathbb{R}^{1 \times C}$。

最后，基于获得的视觉信息V_t和时序性跨模态状态h_t，利用 LSTM 预测当前时刻的单词。具体公式如下：

$$\left.\begin{aligned}
(h_t',\ c_t') &= \mathrm{LSTM}(V_t \cup h_t,\ (h_{t-1}',\ c_{t-1}')) \\
P_t(w_t) &= \mathrm{Softmax}(\mathrm{FC}(h_t'))
\end{aligned}\right\} \tag{7-11}$$

式中，$P_t(w_t)$是t时刻单词预测的概率值。

7.3.5 损失函数

本章方法采用两阶段无监督描述生成训练策略。在第一阶段，本章方法使用交叉熵损失$\mathcal{L}_s$来约束描述生成过程。具体公式如下：

$$\mathcal{L}_s = -\sum_{t=1}^{T} \log P_t(w_t) \tag{7-12}$$

式中，T表示描述的最大单词数目。

如图 7-4 所示，为了实现视觉语义特征的重现，本章方法设计了一个带有多个正样本的对比学习损失$\mathcal{L}_r$，将公共语义空间中K个邻近的文本相互视为正样本，将同一批次中的其他文本视为负样本。具体公式如下：

$$S_{\text{pos}} = \sum_{i=0}^{k_{+}} \sum_{j=0}^{k_{+}} \exp\left(\frac{L_{S_i} \cdot V_{S_j}}{\tau}\right)$$

$$S_{\text{all}} = \sum_{i=0}^{k} \sum_{j=0}^{k} \exp\left(\frac{L_{S_i} \cdot V_{S_j}}{\tau}\right) \qquad (7\text{-}13)$$

$$\mathcal{L}_r = -\log\frac{S_{\text{pos}}}{S_{\text{all}}}$$

式中，L_{S_i} 是输入句子编码的文本语义嵌入特征，V_{S_j} 是语义重现后获得的视觉语义嵌入特征。

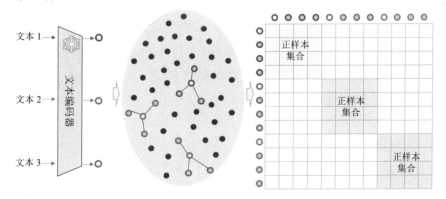

图 7-4　带有多个正样本的对比学习损失概念图

因此，最终第一阶段损失函数如下：

$$\mathcal{L}_1 = \beta \cdot \mathcal{L}_s + \mathcal{L}_r \qquad (7\text{-}14)$$

在第二阶段，本章方法进一步基于强化学习的思想，针对视觉文本语义一致性对齐得分与文本描述得分设计奖励机制，约束视觉语义重现过程和描述预测过程。具体公式如下：

$$
\begin{aligned}
r_{\text{match}} &= \text{LN}(L_{S_i}) \cdot \text{LN}(V_{S_i}) \\
r_{\text{caption}} &= \text{BLEU@4}(w_{1:T}) + \text{METEOR}(w_{1:T}) \\
&\quad + \text{ROUGE-L}(w_{1:T}) + \text{CIDEr}(w_{1:T}) \\
\mathcal{L}_2 &= -\text{E}(r_{\text{match}} + r_{\text{caption}})
\end{aligned}
\qquad (7\text{-}15)
$$

式中，$\text{E}(\cdot)$ 表示计算得分 r_{match} 和 r_{caption} 的期望值。

7.4 实验结果的分析与讨论

本节在常见的视觉描述生成任务上充分验证了本章方法的有效性，包括无监督图像描述生成任务和无监督跨域图像描述生成任务、无监督视频描述生成任务、无监督风格化图像描述生成任务。实验部分组织如下：首先，介绍实验的数据集、评价指标和相关实验细节等基本设置；其次，针对本章方法与现有方法在不同任务下多个数据集上的客观表现进行分析和比较，同时展示本章方法的主观结果；最后，充分讨论本章方法中的核心模块、损失函数以及相关参数设置对实验结果的影响。

7.4.1 实验设置

1. 数据集

本节介绍了三类任务相关的描述数据集，包括图像描述生成数据集[1,150]、视频描述生成数据集[129-131]、风格化描述生成数据集[93]。

（1）图像描述生成数据集。图像描述生成任务旨在生成与图像中内容相匹配的文本描述，相关数据集主要包括 MS COCO[1] 和 Flickr30k[150]。MS COCO[1] 是最经典的图像描述数据集之一，包含 123 287 张图像，每张图像包含 5 个文本描述。其中，训练集包含 566 435 个文本描述，验证集和测试集均包含 5 000 张图像。Flickr30k[150] 包含 31 783 张图像，每张图像标注有 5 个文本描述。其中，训练集包含 148 915 个文本描述，验证集和测试集均包含 1 000 张图像。

（2）视频描述生成数据集。视频描述生成任务旨在针对视频中的内容生成相对应的文本描述，常见的视频描述生成数据集主要包括 MSVD[129]、MSR-VTT[130] 和 VATEX[131]。MSVD[129] 数据集包含 1 970 个视频片段，每个视频片段标注有 40 个英文描述。其中，训练集包含 48 000 个文本描述，验证集和测试集分别包含 100 和 670 个视频片段。MSR-VTT[130] 数据集包含 10 000 个视频片段，每个视频片段标注有 20 个英文描述。其中，训练集包含 130 260 个文本描述，验证集和测试集分别包含 497 和 2 990 个视频片段。VATEX[131] 是 2019 年发布的大型视频描述数据集，包含 600 种不同类型的人类活动场景以及 34 991 个视频片段，每个视频片段标注有 10 个英文描述。其中，训练集包含 25 991 个文本描述，验证集包含 3 000 个视频片段，测试集包含 6 000 个视频片段。与广泛使用的 MSR-VTT 和 MSVD 数据集相比，VATEX 具有更大的规模、更复杂的描述和更多样的视频场景。

（3）风格化描述生成数据集。风格化描述生成任务旨在生成与图像内容相对应，并且具有一定风格特色的文本描述。FlickrStyle[93] 是基于 Flickr30k[150] 所构建的典型风格描述数据集，每张图像均标注有 1 个幽默描述和 1 个浪漫描述。其中，训练集包含 5 600 个文本描述，验证集包含 400 张图像，测试集包含 1 000 张图像。

2. 评价指标

与第二～六章类似，本章方法采用包括 BLEU@1-4（B@1-4）[132]、METEOR（M）[133]、ROUGE-L（R）[134]、CIDEr（C）[135] 和 SPICE（S）[176] 在内的五个评价指标全面评价生成描述的质量。

3. 实验细节

本章实验探索了无监督视觉描述生成领域的多个子任务，以充分地验证本章方法的有效性，包括（a）无监督图像描述生成任务、（b）无监督跨域图像描述生成任务、（c）无监督视频描述生成任务、（d）无监督风格化图像描述生成任务。任务（a）、（c）、（d）均使用来自同一数据集的文本描述和图像分别进行训练和推理，而任务（b）使用来自不同数据集的文本描述和图像进行训练和推理。与图像描述生成任务不同，对于视频描述生成任务，本章方法等间隔对视频进行采样，保留 4 帧图像作为推理阶段的视觉语义特征，并分别为每一帧图像进行公共知识挖掘。

对于视觉编码器和文本编码器，本章方法采用预训练的 CLIP 模型进行参数初始化，并在训练阶段固定相关参数。视觉语义增强过程中，本章方法在公共语义空间中收集 3 个邻近的语义特征进行训练和推理。在进行描述解码时，本章方法以 20% 的概率随机掩盖输入文本中的单词，以增强网络的鲁棒性。所有语义特征嵌入维度以及 LSTM 隐藏层维度均为 512。本章所有实验均基于 X-modaler 多模态工具箱[154]完成。对于图像及视频描述数据集，第一阶段训练 15 个周期，第二阶段训练 10 个周期；对于风格化描述数据集，由于数据量较小，第一阶段训练 30 个周期，第二阶段训练 4 个周期。本章方法采用 Adam 优化器，学习率设置为 1×10^{-3}，每 3 个周期下降一次，衰减系数为 0.8。

7.4.2 客观性能比较

本节在常见的视觉描述生成任务上进行了充分实验，包括无监督图像描述生成任务、无监督跨域图像描述生成任务、无监督视频描述生成任务、无监督风格化图像描述生成任务，同时与现有相关方法进行了比较，以评估本章方法的有效性。

1. 无监督图像描述生成任务

本节首先在图像描述生成任务上，基于常见的数据集 MS COCO[1] 和 Flickr30k[150]进行了充分实验，并将本章方法与现有基于 CLIP 和 GPT 的无监督图像描述生成方法（包括 MAGIC[188]、CLMs[189]、CapDec[117]、MCDG[119]、Knight[118]），以及基于 CLIP 的无监督图像描述生成方法（包括 CLIPRe[188] 和 DeCap[120]），进行了充分比较。

实验结果见表 7-1 和表 7-2 所列。与所有基于 CLIP 的无监督图像描述生成方法相比，本章方法在两个大规模的图像描述数据集上都取得了显著的提升和最佳的表现。其中，CLIPRe 利用 CLIP 模型对相关图像和文本进行匹配和检索，从而构建成对的图文数据，实现有监督的训练。但这种成对的图文数据有些粗糙，包含较多的错误样本，无法学习从图像到文本的准确映射；DeCap 将 CLIP 视觉特征视为多个 CLIP 文本特征的加权组合，在推理阶段通过计算 CLIP 视觉与文本特征的余弦相似度，将视觉特征投影到文本特征空间中，实现训练阶段与推理阶段的对齐。实际上，这种对齐方法可以在一定程度上拉近训练和推理之间的差距，但在推理阶段从视觉映射到文本时可能会丢失部分视觉信息，从而导致生成的描述中缺失一些细节。本章方法设计了视觉语义特征重现模块，将视觉语义特征引入训练阶段，并构建公共的文本语义信息空间作为辅助，能够极大地增强语义信息的表征能力，在实现训练阶段与推理阶段语义一致性对齐的同时，有效避免了视觉信息的丢失。

表 7-1 中，本章方法在 MS COCO 数据集上的评价指标 BLEU @ 4、METEOR、ROUGE-L、CIDEr 以及 SPICE 分别达到了 31.7%、26.5%、54.5%、104.1%、19.9%。表 7-2 中，在 Flickr30k 数据集上分别达到了 25.2%、22.0%、49.1%、60.1%、15.7%。即使与使用复杂 GPT 模型作为描述解码器的模型相比，本章方法也在 10 个指标中的 8 个指标上实现了最佳性能。尽管预训练的 GPT 模型学习了大量来自互联网的大规模文本知识，但它与图像描述生成任务中的描述并不完全匹配，无法有效获取描述图像中的视觉概念和关系信息，因此对于无监督图像描述生成任务带来的改进是有限的。最后，本章进一步通过评估浮点运算量和参数量来分析提出方法的时间复杂性和空间复杂性。本章方法的浮点运算量为 29.74 GFLOPs，参数量为 140.91 MB。

表 7-1　本章方法与现有方法在 MS COCO 上的图像描述生成性能比较结果

方法		B@4/%	M/%	R/%	C/%	S/%
基于 CLIP 和 GPT 的无监督图像描述生成方法	MAGIC[188]	12.9	17.4	39.9	49.3	11.3
	CLMs[189]	15.0	18.7	41.8	55.7	10.9
	CapDec[117]	26.4	25.1	51.8	91.8	11.9
	MCDG[119]	29.7	24.8	52.2	95.5	—
	Knight[118]	27.8	26.4	52.3	98.9	19.6
基于 CLIP 的无监督图像描述生成方法	CLIPRe[188]	12.4	20.4	—	53.4	14.8
	DeCap[120]	24.7	25.0	—	91.2	18.7
	本章方法	31.7	26.5	54.5	104.1	19.9

表 7-2　本章方法与现有方法在 Flickr30k 上的图像描述生成性能比较结果

方法		B@4/%	M/%	R/%	C/%	S/%
基于 CLIP 和 GPT 的无监督图像描述生成方法	MAGIC[188]	6.4	13.1	31.6	20.4	7.1
	CLMs[189]	16.8	16.2	39.6	22.5	9.8
	CapDec[117]	17.7	20.0	43.9	39.1	9.9
	MCDG[119]	24.6	20.0	46.0	50.5	—
	Knight[118]	22.6	24.0	48.0	56.3	16.3

续表

方法		B@4/%	M/%	R/%	C/%	S/%
基于 CLIP 的无监督图像描述生成方法	CLIPRe[188]	9.8	18.2	—	31.7	12.0
	DeCap[120]	21.2	21.8	—	56.7	15.2
	本章方法	25.2	22.0	49.1	60.1	15.7

2. 无监督跨域图像描述生成任务

基于 MS COCO 和 Flickr30k 数据集，本节进一步在无监督跨域图像描述生成任务中验证了本章方法的有效性。其中，训练阶段的文本数据和推理阶段的图像数据来自不同的数据集。实验结果见表 7-3 和表 7-4 所列。具体来说，在推理阶段，本章方法基于源域构建的公共文本语义空间，利用目标域中的图像来选择相邻的语义信息作为辅助，进而实现描述生成。此外，从表 7-3 和表 7-4 中可以看出，与仅采用 CLIP 的无监督方法相比，本章方法在几乎所有的评价指标上都实现了最佳的性能。

表 7-3　本章方法与现有方法在 Flickr30k→MS COCO 上的跨域描述性能比较结果

方法		B@4/%	M/%	R/%	C/%	S/%
基于 CLIP 和 GPT 的无监督图像描述生成方法	MAGIC[188]	5.2	12.5	30.7	18.3	5.7
	CLMs[189]	7.7	14.9	35.9	38.5	8.2
	CapDec[117]	9.2	16.3	36.7	27.3	10.4
	Knight[118]	19.0	22.8	45.8	64.4	15.1
基于 CLIP 的无监督图像描述生成方法	CLIPRe[188]	6.0	16.0	—	26.5	10.2
	DeCap[120]	12.1	18.0	—	44.4	10.9
	本章方法	15.1	18.6	42.1	48.3	11.0

表 7-4　本章方法与现有方法在 MS COCO→Flickr30k 上的跨域描述性能比较结果

方法		B@4/%	M/%	R/%	C/%	S/%
基于 CLIP 和 GPT 的无监督图像描述生成方法	MAGIC[188]	6.2	12.2	31.3	17.5	4.9
	CLMs[189]	10.1	12.5	33.8	12.7	5.7
	CapDec[117]	17.3	18.6	42.7	35.7	7.2
	Knight[118]	21.1	22.0	46.3	48.9	14.2

续表

方法		B@4/%	M/%	R/%	C/%	S/%
基于 CLIP 的无监督图像描述生成方法	CLIPRe[188]	9.8	16.7	—	30.1	10.3
	DeCap[120]	16.3	17.9	—	35.7	11.1
	本章方法	17.0	18.0	42.4	37.0	11.5

3. 无监督视频描述生成任务

本章方法通过对视频片段进行等间隔帧采样,对等间隔采样的视频帧进行描述,实现了视频描述生成。本章方法在常见的视频描述生成数据集 MSVD[129]、MSR-VTT[130] 和 VATEX[131] 上进行了充分实验,并与一些典型的基于 CLIP 和 GPT 的无监督视频描述生成方法(包括 MAGIC[188]、CapDec[117]、Knight[118]),以及现有的基于 CLIP 的无监督视频描述生成方法(包括 CLIPRe[188] 和 DeCap[120]),进行了比较。

实验结果见表 7-5、表 7-6 和表 7-7 所列。可以观察到,在三个常见的视频描述生成数据集上,本章方法在所有评价指标上都取得了最好的性能。即使与使用 GPT 作为解码器的方法相比,本章方法在 MSVD[129]、MSR-VTT[130] 数据集上的所有评价指标也都达到了最佳性能,其中评估生成描述质量的核心指标 CIDEr 分别达到了 88.4% 和 38.5%。此外,在 VATEX 数据集上与有监督的方法相比,本章方法同样十分具有竞争力,评价指标 BLEU@4、METEOR、ROUGE-L、CIDEr 分别达到了 28.4%、21.7%、47.4%、44.3%,这也充分验证了本章方法在视频场景中的有效性。

表 7-5　本章方法与现有方法在 MSVD 上的视频描述生成性能比较结果

方法		B@4/%	M/%	R/%	C/%
基于 CLIP 和 GPT 的无监督视频描述生成方法	MAGIC[188]	6.6	16.1	40.1	14.0
	CapDec[117]	7.9	23.3	25.2	34.5
	Knight[118]	37.7	36.1	66.0	63.8
基于 CLIP 的无监督视频描述生成方法	本章方法	50.8	35.9	73.1	88.4

表 7-6　本章方法与现有方法在 MSR-VTT 上的视频描述生成性能比较结果

方法		B@4/%	M/%	R/%	C/%
基于 CLIP 和 GPT 的无监督视频描述生成方法	MAGIC[188]	5.5	13.3	35.4	7.4
	CapDec[117]	8.9	23.7	17.2	11.5
	Knight[118]	25.4	28.0	50.7	31.9
基于 CLIP 的无监督视频描述生成方法	CLIPRe[188]	10.2	18.8	—	19.9
	DeCap[120]	23.1	23.6	—	34.8
	本章方法	33.5	25.1	56.9	38.5

表 7-7　本章方法与现有方法在 VATEX 上的视频描述生成性能比较结果

方法		B@4/%	M/%	R/%	C/%
有监督描述生成方法	VATEX[131]	28.4	21.7	47.0	45.1
基于 CLIP 的无监督视频描述生成方法	CLIPRe[188]	11.1	17.0	—	27.1
	DeCap[120]	21.3	20.7	—	43.1
	本章方法	28.4	21.7	47.4	44.3

4. 无监督风格化图像描述生成任务

基于 FlickrStyle[93] 数据集，本节进一步验证了本章方法在无监督风格化图像描述生成任务上的有效性。表 7-8 和表 7-9 展示了本章方法与一些典型的有监督风格化图像描述方法和无监督风格化描述生成方法的比较结果，包括 StyleNet[93]、MemCap[90] 和 CapDec[117]。本章方法在无监督风格化描述生成任务上取得了显著的提升，在浪漫风格上评价指标 BLEU@1、BLEU@3、METEOR、CIDEr 分别达到了 30.0%、9.1%、12.1%、47.0%，在幽默风格上分别达到了 29.7%、9.0%、11.9%、45.4%。本章方法在两种风格类型上的描述生成性能，甚至远超一些经典的有监督方法。在风格化描述生成任务上的出色表现，也进一步验证了本章方法在无监督视觉描述生成任务上的泛化性。

表 7-8　本章方法与现有方法在 FlickrStyle 浪漫风格上的描述性能比较结果

方法		B@1/%	B@3/%	M/%	C/%
有监督描述生成方法	StyleNet[93]	13.3	1.5	4.5	7.2
	MemCap[90]	21.2	4.8	8.4	22.4

续表

方法		B@1/%	B@3/%	M/%	C/%
基于 CLIP 和 GPT 的无监督描述生成方法	CapDec[117]	21.4	5.0	9.6	26.9
基于 CLIP 的无监督描述生成方法	本章方法	30.0	9.1	12.1	47.0

表 7-9　本章方法与现有方法在 FlickrStyle 幽默风格上的描述性能比较结果

方法		B@1/%	B@3/%	M/%	C/%
有监督描述生成方法	StyleNet[93]	13.4	0.9	4.3	11.3
	MemCap[90]	19.9	4.3	7.4	19.4
基于 CLIP 和 GPT 的无监督描述生成方法	CapDec[117]	24.9	6.0	10.2	34.1
基于 CLIP 的无监督描述生成方法	本章方法	29.7	9.0	11.9	45.4

7.4.3　主观结果分析

本节展示了无监督图像描述生成任务的一些定性结果。图 7-5 展示了 DeCap[120] 方法和本章方法在 MS COCO 数据集上的一些描述生成结果。可以看出，本章方法能够生成更详细的描述，特别是准确地描述出了对象之间的关系。

在图 7-5（a）、（b）和（f）中，本章方法可以正确地预测一些形容词描述场景中的对象，如"orange""wodden""blue"和"large"。这对于提升生成描述的生动性是十分重要的。图 7-5（c）中，两头大象之间存在大量的遮挡，其关系信息是难以被挖掘的。本章方法成功地理解了图像中大象的形状，进而推断出了两头大象之间的关系，如"mother"和"baby"。此外，即使对于一些困难图像，本章方法同样能够生成与图像内容匹配的文本描述。如图 7-5（d）所示，图像中的羊群是十分显著的，而围栏作为关键对象之一却十分模糊，本章方法可以成功地描述出围栏这一对象，并描述出围栏与羊群之间的关系"next to"。相反，DeCap 方法仅关注到了显著性的羊群区域，却忽略了关键的对象——围栏。在图 7-5（e）中，面对尺度变化多样的对象，本章方法同样可以正确地描述图像中的真实内容，如人物位置信息"standing outside of a building"。

(a)

真实值：A cat sits on top of a desk.

DeCap: A cat sitting on top of a table near a dresser.

本章方法：An orange cat sitting on top of a wooden desk.

(b)

真实值：An old car is parked next to a stop sign.

DeCap: A street scene with a car stopped at the corner.

本章方法：A blue car parked on the street next to a stop sign.

(c)

真实值：An adult and a baby elephant eating in the wild.

DeCap: A pair of elephants walking in the wild near a brush.

本章方法：A mother elephant and a baby elephant walking in the grass.

(d)

真实值：A herd of sheep grazing from truck of hay.

DeCap: A herd of sheep are in a field by a sheep.

本章方法：A herd of sheep standing in a field next to a fence.

(e)

真实值：A group of people in front of a white building.

DeCap: A man is talking on a cell phone in front of some people.

本章方法：A group of people standing outside of a building.

(f)

真实值：A city bus parked on the side of the road.

DeCap: Street a bus is parked at the front of a large blue bus.

本章方法：A large bus parked on the side of a street.

图 7-5　本章方法与 DeCap 在无监督图像描述生成任务上的主观结果图

此外，图 7-6 展示了文本特征、视觉特征的特征分布可视化结果，以及本章方法中不同层增强后重现的视觉特征分布结果。如图 7-6（a）所示，文本特征和视觉特征之间存在明显的模态差距，并且很难将文本特征直接映射到视觉特征中。图 7-6（b）～（d）表明，随着本章方法中跨模态语义映射和增强层数的增加，从文本特征中重现得到的、用于训练的视觉特征更接近用于推理的视觉特征。以上主观结果表明，本章方法能够有效拉近跨模态语义特征之间的差异，实现训练阶段和推理阶段的语义一致性对齐，为图像或视频生成更准确的文本描述。

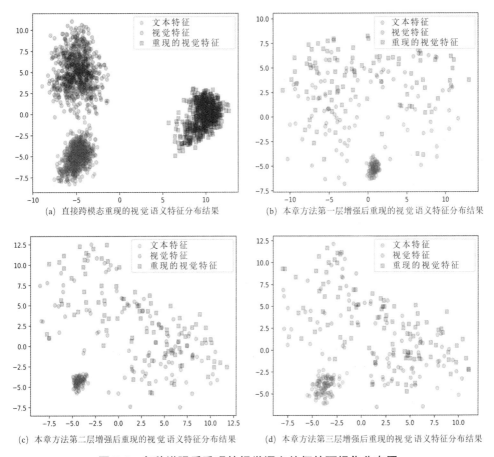

(a) 直接跨模态重现的视觉语义特征分布结果

(b) 本章方法第一层增强后重现的视觉语义特征分布结果

(c) 本章方法第二层增强后重现的视觉语义特征分布结果

(d) 本章方法第三层增强后重现的视觉语义特征分布结果

图 7-6   多种增强后重现的视觉语义特征的可视化分布图

7.4.4   讨论

首先，本节基于无监督图像描述生成任务，在 MS COCO 数据集上进行了一系列消融实验，以分析本章方法中不同模块的有效性。其次，进一步针对视觉语义特征增强过程中邻近文本语义辅助信息数目进行了分析。然后，验证了训练阶段文本集中文本数量对描述生成的重要影响。最后，对视觉语义增强过程中注意力模块堆叠层数进行了消融实验，以验证语义特征增强对生成高质量描述的有效性。

1. 不同模块对图像描述生成的影响

首先，本节研究了本章方法中主要模块的有效性，并将结果展示在表 7-10

中。具体地，本章采用的基线方法基于经典的 Up-Down 描述生成模型[22]，进一步使用来自公共文本语义空间中的、与输入文本或图像语义特征相邻的 K 个语义特征作为输入语义信息。

表 7-10 中，通过比较"基线方法"和"＋视觉语义增强模块"，可以清楚地看出，使用重现的视觉语义特征对生成描述的质量有显著正向激励作用。这是因为在推理阶段通过将视觉语义特征映射到文本语义特征空间，只能实现训练和推理之间的粗略对齐，并且在映射过程中可能会丢失一些视觉细节信息，从而导致生成描述质量不佳。本章方法通过在训练阶段重现视觉语义特征，最大限度地缩小训练阶段和推理阶段之间的差距，实现更准确的描述生成。此外，实验结果同样表明通过探索重现的原始视觉语义特征与邻近视觉语义特征之间的关系，可以有效增强编码特征的表征能力，提升描述生成任务表现。本章提出的无监督鲁棒描述解码器有效地关注了视觉语义特征解码的多样性，并通过增强模型的鲁棒性和文本描述的多样性，有效地提升了无监督描述生成的性能。

表 7-10　本章方法中不同模块对图像描述性能的影响

模块	B@4/%	M/%	R/%	C/%	S/%
基线方法	28.8	24.4	52.2	94.1	18.1
＋视觉语义重现模块	31.0	25.6	53.4	100.4	18.9
＋视觉语义增强模块	29.6	25.1	53.0	98.1	19.0
本章方法 1	31.6	25.7	53.9	102.3	19.4
本章方法 2	31.7	26.5	54.5	104.1	19.9

注：本章方法 1 表示第一阶段图像描述性能，本章方法 2 表示第二阶段图像描述性能。

2. 邻近文本语义特征数目 K 对图像描述生成的影响

本章方法建立了用于训练和推理的公共文本语义空间，并选择前 K 个与输入文本或图像相邻的文本语义特征作为一组辅助信息，以增强语义特征的鲁棒性和表征能力。因此，本节对邻近文本语义特征的数目进行了消融实验，见表 7-11 所列。可以看出，随着 K 的增加，邻近语义特征可以提供更多的辅助信息，实现对原始输入语义特征的信息补充，提升模型在描述生成任务上的表现。当 K 超过 3 时，性能出现轻微下降，这是因为引入过多的辅助信息同时也带来了噪声的干扰，降低了生成描述的质量。因此，本章方法选择 3 个相邻的文本语义特征作为辅助信息。

表 7-11　本章方法中不同邻近文本语义特征数目对图像描述性能的影响

K	B@4/%	M/%	R/%	C/%	S/%
1	31.8	26.1	54.3	103.1	19.5
2	31.7	26.2	54.4	103.3	19.6
3	31.7	26.5	54.5	104.1	19.9
4	31.4	26.3	54.6	103.5	19.7

3. 训练阶段文本语料库大小对图像描述生成的影响

本节进一步探索了训练过程中文本语料库大小对生成描述质量的影响。通过随机抽取不同比例的文本数据进行训练，实验结果如图 7-7 所示。可以看出，利用大量的文本语料库进行训练可以获得更好的表现，并且在本章方法中，仅使用 20% 的文本数据就可以在 CIDEr 指标上获得 101.5% 的性能。此外，与 DeCap 方法相比，本章方法可以在更少的文本数据上获得更好的性能，这充分说明本章方法能够在更少的数据上精准地挖掘视觉文本之间的语义映射关系，提升视觉描述生成的任务表现。

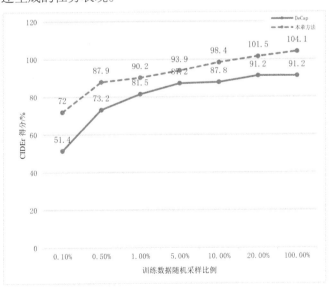

图 7-7　不同文本语料库大小设置下图像描述生成 CIDEr 得分折线图

4. 语义特征增强过程中注意力机制堆叠层数对图像描述生成的影响

视觉语义增强模块使用了特殊设计的注意力模块，并堆叠 N_e 层进行语义特征增强。表 7-12 显示了针对语义特征增强过程中注意力机制堆叠层数的消融实验结果。视觉语义增强模块利用注意力机制探索了重现的原始视觉语义特征与重现的邻近视觉语义特征之间的关系，并且随着层数 N_e 的增加，该模块能够对重现的视觉语义特征进行多次微调和优化。表 7-12 中，当 N_e 为 3 时，本章方法在描述生成任务上具有更佳的性能表现。

表 7-12　视觉语义增强模块中注意力机制堆叠层数对图像描述性能的影响

N_e	B@4/%	M/%	R/%	C/%	S/%
1	31.2	26.3	54.4	103.0	19.7
2	31.4	26.5	54.5	103.6	19.7
3	31.7	26.5	54.5	104.1	19.9
4	31.4	26.5	54.6	103.7	19.7

7.5　本章小结

本章提出了一种基于视觉语义重现与增强的无监督视觉描述生成方法，该方法的核心思想在于通过在训练阶段构建文本到视觉的语义映射，实现了训练和推理之间输入模态信息的语义一致性对齐，解决了数据稀缺场景下训练阶段视觉信息未知导致的训练与推理之间语义一致性差的问题。本章方法设计的视觉语义重现模块，通过引入具有额外嵌入层的 CLIP 视觉编码器，在训练阶段实现了从文本到视觉的语义重现。此外，本章方法通过补充邻近空间内多个相似的文本信息，并结合随机掩码策略，有效地增强了模型的鲁棒性和描述生成能力。本章方法在多个视觉描述生成任务上均取得了优异的表现，实验结果验证了本章方法的有效性。

第八章

总结与展望

　　视觉描述生成是视觉场景理解领域的经典课题，具有重要的理论研究意义和实际应用价值。针对视觉描述生成面临的挑战，本书围绕视觉描述生成领域展开了系统性的研究。首先，以语义特征编码为基础，通过研究词性动态编码和多级对象属性编码关键技术，有效增强了编码语义特征的判别性。其次，以语义特征解码为核心，提出了对象群体解码的多视角视觉描述生成结构，实现了灵活可控的目标群体定位和描述生成，并设计了场景-对象双提示辅助的描述解码器，极大地提升了描述生成的准确性。最后，以数据稀缺视觉描述生成为拓展，进一步探究了半监督和无监督下的视觉描述生成难题，降低了视觉描述生成网络对大量标注数据的依赖，同时实现了内容准确、语言结构完整的文本描述生成。

8.1　研究总结

　　本书的主要研究总结如下。

　　（1）针对视觉描述生成中语言描述多样性导致的语义映射困难、语言结构完整性差的问题，本书从语义特征编码角度出发，提出了基于词性动态编码的视觉描述生成方法。该方法从语言结构词性解析角度出发，首先提出了词性感知的视觉特征提取模块，学习具有不同词性特点的视觉语义表征。然后，构建了词性语义动态融合编码器，基于当前时刻状态实现词性特征的动态融合。最后，提出了词性特征引导的描述生成模型，利用词性融合特征生成更符合句子结构和描述内容的单词，提升了生成描述的准确性和结构的完整性。

（2）针对视觉描述生成中对象细粒度语义信息缺失导致的描述细节性差的问题，本书首先基于实际应用场景，构建了首个包含大量属性细节信息（如动作、位置、穿着、姿态、周围环境、群体特性等）的密集场景描述数据集。然后，提出了一种基于多级对象属性编码的视觉描述生成方法，提取多种对象属性特征，并且进一步构建不同属性之间的相互关系。最后，利用编码得到的包含丰富细节信息的视觉语义特征进行描述生成，有效缓解了语义特征细粒度差导致的对象细节缺失的问题，提升了生成描述的细节性。

（3）针对视觉描述生成中仅关注单一显著性对象导致的视觉场景理解不充分的问题，本书从语义特征解码角度出发，对视觉描述生成任务进行了更深入的探索，提出了基于对象群体解码的多视角视觉描述生成方法。该方法设计了坐标离散化和坐标序列化的策略，利用预测的群体信息引导解码器生成与群体相对应的描述，实现了目标群体定位和描述生成的联合对齐，能够极大地降低网络学习的复杂度，提升生成描述的充分性和全面性。同时，通过控制群体定位信息，可以生成指定视角下的描述，进一步提升了描述生成模型的灵活性。

（4）针对视觉描述生成中视觉文本模态间信息差异大导致的语义解码存在偏差的问题，本书从语义特征解码角度出发，提出了基于场景-对象双提示解码的视觉描述生成方法。该方法首先利用视觉语言预训练模型，构建场景和对象双提示作为文本先验信息。然后，针对视觉场景中目标多样、环境复杂的问题，设计了多尺度视觉特征提取结构。最后，该方法利用双提示文本语义信息，辅助解码阶段视觉到文本的跨模态映射，有效地拉近了视觉文本模态间信息差异，实现了准确的语义解码，提升了视觉描述生成中语义映射的精确性。

（5）针对数据稀缺场景下网络学习不充分的问题，本书从伪标签生成角度出发，提出了基于三元组伪标签生成的半监督视觉描述生成方法。该方法通过利用少量已有的目标域标注数据，挖掘图像-源域描述数据与目标域描述数据之间的语义映射关系，为大规模源域数据生成目标域伪标签。该方法进一步构建了一个半监督伪标签筛选器。通过筛选出高质量的目标域伪标签，实现对源域数据的利用和目标域数据的扩充，同时进行网络重新训练优化，从而在目标域实现更准确的描述生成。

（6）针对数据稀缺场景下训练阶段视觉信息未知导致的训练与推理之间语

义一致性差的问题，本书从视觉特征重现的角度出发，提出了基于视觉语义重现与增强的无监督视觉描述生成方法。该方法突破了传统无监督描述生成框架的限制，通过在训练阶段构建文本到视觉的语义重现，实现了训练阶段与推理阶段不同输入模态的语义一致性对齐。此外，为了进一步缩小训练阶段与推理阶段之间的差异，该方法通过补充邻近空间内多个相似的文本信息，并结合随机掩码策略，增强了描述生成模型的鲁棒性，从而实现了精准的无监督视觉描述生成。

8.2 研究展望

尽管本书在视觉描述生成领域上取得了一系列阶段性研究成果，但视觉描述生成作为视觉场景理解领域的基础问题和人工智能应用领域的关键技术，仍然存在许多值得进一步探索与攻克的问题和难点。在未来的研究中，将在以下方面做进一步的研究探索。

（1）轻量化的视觉描述生成网络。虽然现有的视觉描述生成方法在复杂的网络结构和多样化的离线特征提取模式的推动下，取得了优异的任务表现。但是，在实际应用中，复杂的网络结构和非端到端的推理方式对于硬件设备提出了更高的要求。此外，复杂的网络结构和多样化的特征提取也容易导致推理效率低、实时性差，严重制约了视觉描述生成网络的推广应用。因此，如何使视觉描述生成网络，能够基于简单的特征提取骨干网络实现端到端的学习，在生成高质量描述的同时，降低网络结构的复杂性，提高算法推理效率，对于实现低功耗的视觉描述生成应用部署是十分重要的。

（2）跨任务迁移学习的视觉场景理解。现有的视觉场景理解研究通常集中于单一特定任务领域，如视觉描述生成、视觉问答等，仅仅关注该特定任务下的模态特征提取和映射，而忽略了不同任务之间的相互联系，仍未实现不同任务之间知识的相互迁移与应用。不同于上述单一任务学习，人类的大脑能够学习多种课程，如舞蹈、音乐，并且能够探寻知识的共通点，利用不同课程的知识进行融合创新，实现不同课程之间的相互促进。因此，如何基于跨任务迁移学习的思想，实现视觉、文本等多种模态知识的灵活运用，挖掘不同视觉场景理解任务之间的相互关系，实现高效的学习和正向的相互促进，是未来的一个重要研究方向。

（3）基于大模型的视觉场景理解统一框架。现有的视觉场景理解任务通常具有独立的研究框架，并且不同的任务框架之间的差异巨大。例如，视觉描述与视觉问答任务通常基于时序性类别预测框架，指示表达理解则基于候选区域匹配框架。然而，实际应用场景十分复杂，通常需要多种任务模型相互配合、协作完成，碎片化、多样化的结构框架使得不同任务之间的协同交互困难、低效。近年来，预训练大模型在多种模态表征泛化能力上取得了突破性的进展，在多个下游视觉场景理解任务上也表现出了极强的泛化能力。因此，如何基于预训练大模型构建多任务视觉场景理解统一框架，根据不同的任务控制信号实现多任务的联合统一，对于视觉场景理解领域的深入研究和人工智能技术的广泛应用具有重要的价值。

参考文献

[1]LIN T Y, MAIRE M, BELONGIE S, et al. Microsoft coco: Common objects in context [C]//Proceedings of the European Conference on Computer Vision. Springer, 2014: 740-755.

[2]PAN J Y, YANG H J, DUYGULU P, et al. Automatic image captioning[C]//Proceedings of the IEEE International Conference on Multimedia and Expo. IEEE, 2004: 1987-1990.

[3]FARHADI A, HEJRATI M, SADEGHI M A, et al. Every picture tells a story: Generating sentences from images[C]//Proceedings of the European Conference on Computer Vision. Springer, 2010, 6314: 15-29.

[4]ORDONEZ V, KULKARNI G, BERG T L. Im2text: Describing images using 1 million captioned photographs[C]//MIT Press, 2011: 1143-1151.

[5]GONG Y, WANG L, HODOSH M, et al. Improving image-sentence embeddings using large weakly annotated photo collections [C]//Proceedings of the European Conference on Computer Vision. Springer, 2014: 529-545.

[6]YANG Y, TEO C, DAUMÉ III H, et al. Corpus-guided sentence generation of natural images[C]//Proceedings of the Conference on Empirical Methods in Natural Language Processing. ACL, 2011: 444-454.

[7] KULKARNI G, PREMRAJ V, ORDONEZ V, et al. Babytalk: Understanding and generating simple image descriptions [J]. IEEE Transactions on Pattern Analysis and Machine Intelligence, 2013, 35(12): 2891-2903.

[8]LI S, KULKARNI G, BERG T L, et al. Composing simple image descriptions using web-scale n-grams [C]//Proceedings of the Conference on Computational Natural Language Learning. 2011: 220-228.

[9]VINYALS O, TOSHEV A, BENGIO S, et al. Show and tell: A neural image caption generator[C]//Proceedings of the IEEE Conference on Computer Vision and Pattern Recognition. IEEE, 2015: 3156-3164.

[10]XU K, BA J, KIROS R, et al. Show, attend and tell: Neural image caption generation

with visual attention［C］//Proceedings of the International Conference on Machine Learning. ACM, 2015：2048-2057.

［11］WANG Y, LIN Z, SHEN X, et al. Skeleton key：Image captioning by skeleton-attribute decomposition［C］//Proceedings of the IEEE Conference on Computer Vision and Pattern Recognition. IEEE, 2017：7272-7281.

［12］JIANG W, MA L, JIANG Y G, et al. Recurrent fusion network for image captioning［C］//Proceedings of the European Conference on Computer Vision. Springer, 2018：499-515.

［13］张志昌, 曾扬扬, 庞雅丽. 融合语义角色和自注意力机制的中文文本蕴含识别［J］. 电子学报, 2020, 48(11)：2162-2169.

［14］CHEN L, ZHANG H, XIAO J, et al. Sca-cnn：Spatial and channel-wise attention in convolutional networks for image captioning［C］//Proceedings of the IEEE Conference on Computer Vision and Pattern Recognition. IEEE, 2017：5659-5667.

［15］LU J, XIONG C, PARIKH D, et al. Knowing when to look：Adaptive attention via a visual sentinel for image captioning［C］//Proceedings of the IEEE Conference on Computer Vision and Pattern Recognition. IEEE, 2017：375-383.

［16］RAMANISHKA V, DAS A, ZHANG J, et al. Top-down visual saliency guided by captions ［C］//Proceedings of the IEEE Conference on Computer Vision and Pattern Recognition. IEEE, 2017：7206-7215.

［17］CORNIA M, BARALDI L, SERRA G, et al. Paying more attention to saliency：Image captioning with saliency and context attention［J］. ACM Transactions on Multimedia Computing, Communications, and Applications, 2018, 14(2)：1-21.

［18］ANEJA J, DESHPANDE A, SCHWING A G. Convolutional image captioning［C］//Proceedings of the IEEE Conference on Computer Vision and Pattern Recognition. IEEE, 2018：5561-5570.

［19］CHEN S, ZHAO Q. Boosted attention：Leveraging human attention for image captioning ［C］//Proceedings of the European Conference on Computer Vision. Springer, 2018：68-84.

［20］CORNIA M, BARALDI L, CUCCHIARA R. Show, control and tell：A framework for generating controllable and grounded captions［C］//Proceedings of the IEEE Conference on Computer Vision and Pattern Recognition. IEEE, 2019：8307-8316.

［21］REN S, HE K, GIRSHICK R B, et al. Faster R-CNN：towards real-time object detection with region proposal networks［C］//Advances in Neural Information Processing Systems. MIT Press, 2015：91-99.

［22］ANDERSON P, HE X, BUEHLER C, et al. Bottom-up and top-down attention for image captioning and visual question answering［C］//Proceedings of the IEEE Conference on Computer Vision and Pattern Recognition. IEEE, 2018: 6077-6086.

［23］KRISHNA R, ZHU Y, GROTH O, et al. Visual genome: Connecting language and vision using crowdsourced dense image annotations［J］. International Journal of Computer Vision, 2017, 123(1): 32-73.

［24］LIU D, ZHA Z, ZHANG H, et al. Context-aware visual policy network for sequence-level image captioning［C］//Proceedings of the ACM International Conference on Multimedia. ACM, 2018: 1416-1424.

［25］HUANG L, WANG W, CHEN J, et al. Attention on attention for image captioning［C］// Proceedings of the IEEE International Conference on Computer Vision. IEEE, 2019: 4633-4642.

［26］CORNIA M, STEFANINI M, BARALDI L, et al. Meshed-memory transformer for image captioning［C］//Proceedings of the IEEE Conference on Computer Vision and Pattern Recognition. IEEE, 2020: 10575-10584.

［27］WANG Y, ZHANG W, LIU Q, et al. Improving intra- and inter-modality visual relation for image captioning［C］//Proceedings of the ACM International Conference on Multimedia. ACM, 2020: 4190-4198.

［28］FEI Z. Iterative back modification for faster image captioning［C］//Proceedings of the ACM International Conference on Multimedia. ACM, 2020: 3182-3190.

［29］ZHANG B, LI L, SU L, et al. Structural semantic adversarial active learning for image captioning［C］//Proceedings of the ACM International Conference on Multimedia. ACM, 2020: 1112-1121.

［30］WANG J, XU W, WANG Q, et al. Group-based distinctive image captioning with memory attention［C］//Proceedings of the ACM International Conference on Multimedia. ACM, 2021: 5020-5028.

［31］DONG X, LONG C, XU W, et al. Dual graph convolutional networks with transformer and curriculum learning for image captioning［C］//Proceedings of the ACM International Conference on Multimedia. ACM, 2021: 2615-2624.

［32］YAN X, FEI Z, LI Z, et al. Semi-autoregressive image captioning［C］//Proceedings of the ACM International Conference on Multimedia. ACM, 2021: 2708-2716.

［33］刘茂福, 施琦, 聂礼强. 基于视觉关联与上下文双注意力的图像描述生成方法［J］. 软件学报, 2022, 33(9): 3210-3222.

[34] WANG W, CHEN Z, HU H. Hierarchical attention network for image captioning[C]// Proceedings of the AAAI Conference on Artificial Intelligence. AAAI, 2019: 8957-8964.

[35] LUO Y, JI J, SUN X, et al. Dual-level collaborative transformer for image captioning [C]//Proceedings of the AAAI Conference on Artificial Intelligence. AAAI, 2021: 2286-2293.

[36] 刘兵, 李穗, 刘明明, 等. 基于全局与序列混合变分 Transformer 的多样化图像描述生成方法[J]. 电子学报, 2024: 1-10.

[37] 石义乐, 杨文忠, 杜慧祥, 等. 基于深度学习的图像描述综述[J]. 电子学报, 2021, 049(010): 2048-2060.

[38] 魏忠钰, 范智昊, 王瑞泽, 等. 从视觉到文本: 图像描述生成的研究进展综述[J]. 中文信息学报, 2020, 34(7): 19-29.

[39] SHARMA P, DING N, GOODMAN S, et al. Conceptual captions: A cleaned, hypernymed, image alt-text dataset for automatic image captioning[C]//Proceedings of the Annual Meeting of the Association for Computational Linguistics. ACL, 2018: 2556-2565.

[40] JI J, LUO Y, SUN X, et al. Improving image captioning by leveraging intra- and inter-layer global representation in transformer network [C]//Proceedings of the AAAI Conference on Artificial Intelligence: No. 2. AAAI, 2021: 1655-1663.

[41] WANG Y, XU J, SUN Y. End-to-end transformer based model for image captioning[C]// Proceedings of the AAAI Conference on Artificial Intelligence. AAAI, 2022: 2585-2594.

[42] ZHANG X, SUN X, LUO Y, et al. Rstnet: Captioning with adaptive attention on visual and non-visual words[C]//Proceedings of the IEEE Conference on Computer Vision and Pattern Recognition. IEEE, 2021: 15465-15474.

[43] CHEN J, GUO H, YI K, et al. Visualgpt: Data-efficient adaptation of pretrained language models for image captioning[C]//Proceedings of the IEEE Conference on Computer Vision and Pattern Recognition. IEEE, 2022: 18009-18019.

[44] LI Y, PAN Y, YAO T, et al. Comprehending and ordering semantics for image captioning [C]//Proceedings of the IEEE Conference on Computer Vision and Pattern Recognition. IEEE, 2022: 17990-17999.

[45] 卓亚琦, 魏家辉, 李志欣. 基于双注意模型的图像描述生成方法研究[J]. 电子学报, 2022, 50(5): 1123-1130.

[46] 衡红军, 范昱辰, 王家亮. 基于 transformer 的多方面特征编码图像描述生成算法[J]. 计算机工程, 2023, 49(2): 199-205.

[47] XIAN T, LI Z, TANG Z, et al. Adaptive path selection for dynamic image captioning[J].

IEEE Transactions on Circuits and Systems for Video Technology, 2022, 32（9）: 5762-5775.

[48]周东明, 张灿龙, 李志欣, 等. 基于多层级视觉融合的图像描述模型[J]. 电子学报, 2021, 49(7): 1286-1290.

[49]YAO T, PAN Y, LI Y, et al. Hierarchy parsing for image captioning[C]//Proceedings of the IEEE International Conference on Computer Vision. IEEE, 2019: 2621-2629.

[50]YANG X, TANG K, ZHANG H, et al. Auto-encoding scene graphs for image captioning [C]//Proceedings of the IEEE Conference on Computer Vision and Pattern Recognition. IEEE, 2019: 10685-10694.

[51]XU N, LIU A, LIU J, et al. Scene graph captioner: Image captioning based on structural visual representation[J]. J. Vis. Commun. Image Represent. , 2019, 58: 477-485.

[52]WANG W, WANG R, CHEN X. Topic scene graph generation by attention distillation from caption[C]//Proceedings of the IEEE International Conference on Computer Vision. IEEE, 2021: 15880-15890.

[53]隋佳宏, 毛莺池, 于慧敏, 等. 基于图注意力网络的全局图像描述生成方法[J]. 计算机应用, 2023, 43(5): 1409-1415.

[54]YAO T, PAN Y, LI Y, et al. Exploring visual relationship for image captioning[C]// Proceedings of the European Conference on Computer Vision. Springer, 2018: 684-699.

[55]HE K, GKIOXARI G, DOLLáR P, et al. Mask r-cnn[C]//Proceedings of the IEEE International Conference on Computer Vision. IEEE, 2017: 2961-2969.

[56]NGUYEN K, TRIPATHI S, DU B, et al. In defense of scene graphs for image captioning [C]//Proceedings of the IEEE International Conference on Computer Vision. IEEE, 2021: 1407-1416.

[57]BARBU A, BRIDGE A, BURCHILL Z, et al. Video in sentences out[C]//Proceedings of the Twenty-Eighth Conference on Uncertainty in Artificial Intelligence. 2012: 102-112.

[58]DAS P, XU C, DOELL R F, et al. A thousand frames in just a few words: Lingual description of videos through latent topics and sparse object stitching[C]//Proceedings of the IEEE Conference on Computer Vision and Pattern Recognition. IEEE, 2013: 2634-2641.

[59]ROHRBACH M, QIU W, TITOV I, et al. Translating video content to natural language descriptions[C]//Proceedings of the IEEE International Conference on Computer Vision. IEEE, 2013: 433-440.

[60]SENINA A, ROHRBACH M, QIU W, et al. Coherent multi-sentence video description

with variable level of detail[J]. Springer International Publishing, 2014, 8753: 184-195.

[61] VENUGOPALAN S, XU H, DONAHUE J, et al. Translating videos to natural language using deep recurrent neural networks[C]//Proceedings of the Conference of the North American Chapter of the Association for Computational Linguistics. 2015: 1494-1504.

[62] VENUGOPALAN S, ROHRBACH M, DONAHUE J, et al. Sequence to sequence-video to text[C]//Proceedings of the IEEE International Conference on Computer Vision. IEEE, 2015: 4534-4542.

[63] ZHANG J, PENG Y. Object-aware aggregation with bidirectional temporal graph for video captioning[C]//Proceedings of the IEEE Conference on Computer Vision and Pattern Recognition. IEEE, 2019: 8327-8336.

[64] PAN B, CAI H, HUANG D A, et al. Spatio-temporal graph for video captioning with knowledge distillation[C]//Proceedings of the IEEE Conference on Computer Vision and Pattern Recognition. IEEE, 2020: 10870-10879.

[65] SHI B, JI L, NIU Z, et al. Learning semantic concepts and temporal alignment for narrated video procedural captioning[C]//Proceedings of the ACM International Conference on Multimedia. ACM, 2020: 4355-4363.

[66] DENG J, LI L, ZHANG B, et al. Syntax-guided hierarchical attention network for video captioning[J]. IEEE Transactions on Circuits and Systems for Video Technology, 2022, 32 (2): 880-892.

[67] RYU H, KANG S, KANG H, et al. Semantic grouping network for video captioning[C]// Proceedings of the AAAI Conference on Artificial Intelligence. AAAI, 2021: 2514-2522.

[68] YAO L, TORABI A, CHO K, et al. Describing videos by exploiting temporal structure [C]//Proceedings of the IEEE International Conference on Computer Vision. IEEE, 2015: 4507-4515.

[69] XU J, YAO T, ZHANG Y, et al. Learning multimodal attention lstm networks for video captioning[C]//Proceedings of the ACM International Conference on Multimedia. ACM, 2017: 537-545.

[70] LI X, ZHAO B, LU X, et al. Mam-rnn: Multi-level attention model based rnn for video captioning[C]//Proceedings of the International Joint Conference on Artificial Intelligence. Morgan Kaufmann, 2017: 2208-2214.

[71] CHEN S, JIANG Y G. Motion guided spatial attention for video captioning[C]// Proceedings of the AAAI Conference on Artificial Intelligence. AAAI, 2019: 8191-8198.

[72] YAN C, TU Y, WANG X, et al. Stat: Spatial-temporal attention mechanism for video

captioning[J]. IEEE Transactions on Multimedia, 2019, 22(1): 229-241.

[73]ZHAO B, LI X, LU X. Cam-rnn: Co-attention model based rnn for video captioning[J]. IEEE Transactions on Image Processing, 2019, 28(11): 5552-5565.

[74]GAO L, WANG X, SONG J, et al. Fused gru with semantic-temporal attention for video captioning[J]. Neurocomputing, 2020, 395: 222-228.

[75]杜晓童. 基于多模态注意机制的全域视频描述生成技术研究[J]. 计算机科学与应用, 2022, 12(10): 2225-2232.

[76]PEI W, ZHANG J, WANG X, et al. Memory-attended recurrent network for video captioning[C]//Proceedings of the IEEE Conference on Computer Vision and Pattern Recognition. IEEE, 2019: 8347-8356.

[77]ZHANG Z, SHI Y, YUAN C, et al. Object relational graph with teacher-recommended learning for video captioning[C]//Proceedings of the IEEE Conference on Computer Vision and Pattern Recognition. IEEE, 2020: 13278-13288.

[78]BAI Y, WANG J, LONG Y, et al. Discriminative latent semantic graph for video captioning[C]//Proceedings of the ACM International Conference on Multimedia. ACM, 2021: 3556-3564.

[79]HUA X, WANG X, RUI T, et al. Adversarial reinforcement learning with object-scene relational graph for video captioning[J]. IEEE Transactions on Image Processing, 2022, 31: 2004-2016.

[80]HE X, SHI B, BAI X, et al. Image caption generation with part of speech guidance[J]. Pattern Recognition Letters, 2017, 119: 229-237.

[81]WANG B, MA L, ZHANG W, et al. Controllable video captioning with pos sequence guidance based on gated fusion network[C]//Proceedings of the IEEE International Conference on Computer Vision. IEEE, 2019: 2641-2650.

[82]HOU J, WU X, ZHAO W, et al. Joint syntax representation learning and visual cue translation for video captioning[C]//Proceedings of the IEEE International Conference on Computer Vision. IEEE, 2019: 8917-8926.

[83]ZHENG Q, WANG C, TAO D. Syntax-aware action targeting for video captioning[C]//Proceedings of the IEEE Conference on Computer Vision and Pattern Recognition. IEEE, 2020: 13093-13102.

[84]TAN G, LIU D, WANG M, et al. Learning to discretely compose reasoning module networks for video captioning[C]//Proceedings of the International Joint Conference on Artificial Intelligence. Morgan Kaufmann, 2020: 745-752.

[85]DESHPANDE A, ANEJA J, Wang L, et al. Fast, diverse and accurate image captioning guided by part-of-speech[C]//Proceedings of the IEEE Conference on Computer Vision and Pattern Recognition. IEEE, 2019: 10687-10696.

[86]刘茂福, 毕健旗, 周冰颖, 等. 基于依存句法的可解释图像描述生成[J]. 计算机研究与发展, 2023, 60(9):2115-2126.

[87]CHEN T, ZHANG Z, YOU Q, et al. "factual" or "emotional": Stylized image captioning with adaptive learning and attention[C]//Proceedings of the European Conference on Computer Vision. Springer, 2018: 527-543.

[88]NEZAMI O M, DRAS M, WAN S, et al. Towards generating stylized image captions via adversarial training[C]//The Pacific Rim International Conference on Artificial Intelligence. 2019: 270-284.

[89]CHEN C, PAN Z F, LIU M, et al. Unsupervised stylish image description generation via domain layer norm[C]//Proceedings of the AAAI Conference on Artificial Intelligence. AAAI, 2019: 8151-8158.

[90]ZHAO W, WU X, ZHANG X. Memcap: Memorizing style knowledge for image captioning [C]//Proceedings of the AAAI Conference on Artificial Intelligence. AAAI, 2020: 12984-12992.

[91]陈章辉, 熊赟. 基于解耦-检索-生成的图像风格化描述生成模型[J]. 计算机科学, 2022, 49(6): 180-186.

[92]MATHEWS A P, XIE L, HE X. Senticap: Generating image descriptions with sentiments [C]//Proceedings of the AAAI Conference on Artificial Intelligence. AAAI, 2016: 3574-3580.

[93]GAN C, GAN Z, HE X, et al. Stylenet: Generating attractive visual captions with styles [C]//Proceedings of the IEEE Conference on Computer Vision and Pattern Recognition. IEEE, 2017: 955-964.

[94]NEZAMI O M, DRAS M, WAN S, et al. Senti-attend: Image captioning using sentiment and attention: 1811.09789[A]. 2018.

[95]GOODFELLOW I, POUGET-ABADIE J, MIRZA M, et al. Generative adversarial nets [C]//Advances in Neural Information Processing Systems. MIT Press, 2014: 2672-2680.

[96]LI G, ZHAI Y, LIN Z, et al. Similar scenes arouse similar emotions: Parallel data augmentation for stylized image captioning[C]//Proceedings of the ACM International Conference on Multimedia. ACM, 2021: 5363-5372.

[97]GUO L, LIU J, YAO P, et al. Mscap: Multi-style image captioning with unpaired stylized

text［C］//Proceedings of the IEEE Conference on Computer Vision and Pattern Recognition. IEEE, 2019: 4204-4213.

［98］JOHN V, MOU L, BAHULEYAN H, et al. Disentangled representation learning for non-parallel text style transfer［C］//Proceedings of the Annual Meeting of the Association for Computational Linguistics. ACL, 2019: 424-434.

［99］TAN Y, LIN Z, FU P, et al. Detach and attach: Stylized image captioning without paired stylized dataset［C］//Proceedings of the ACM International Conference on Multimedia. ACM, 2022: 4733-4741.

［100］MATHEWS A P, XIE L, HE X. Semstyle: Learning to generate stylised image captions using unaligned text［C］//Proceedings of the IEEE Conference on Computer Vision and Pattern Recognition. IEEE, 2018: 8591-8600.

［101］CHENG K, MA Z, ZONG S, et al. Ads-cap: A framework for accurate and diverse stylized captioning with unpaired stylistic corpora［C］//Natural Language Processing and Chinese Computing. 2022: 736-748.

［102］GU J, JOTY S R, CAI J, et al. Unpaired image captioning by language pivoting［C］//Proceedings of the European Conference on Computer Vision. Springer, 2018: 519-535.

［103］张世康, 刘惠义. 基于一种非成对数据集的图像描述方法［J］. 信息技术, 2020, 44（11）: 94-98.

［104］LIU F, GAO M, ZHANG T, et al. Exploring semantic relationships for image captioning without parallel data［C］//Proceedings of the International Congress of Diabetes and Metabolism. IEEE, 2019: 439-448.

［105］WU S, FEI H, JI W, et al. Cross2stra: Unpaired cross-lingual image captioning with cross-lingual cross-modal structure-pivoted alignment［C］//Proceedings of the Annual Meeting of the Association for Computational Linguistics. ACL, 2023: 2593-2608.

［106］FENG Y, MA L, LIU W, et al. Unsupervised image captioning［C］//Proceedings of the IEEE Conference on Computer Vision and Pattern Recognition. IEEE, 2019: 4125-4134.

［107］LAINA I, RUPPRECHT C, NAVAB N. Towards unsupervised image captioning with shared multimodal embeddings［C］//Proceedings of the IEEE International Conference on Computer Vision. IEEE, 2019: 7413-7423.

［108］GU J, JOTY S R, CAI J, et al. Unpaired image captioning via scene graph alignments ［C］//Proceedings of the IEEE International Conference on Computer Vision. IEEE, 2019: 10322-10331.

［109］CAO S, AN G, ZHENG Z, et al. Interactions guided generative adversarial network for unsupervised image captioning[J]. Neurocomputing, 2020, 417: 419-431.

[110]GAO J, ZHOU Y, YU P L H, et al. UNISON: unpaired cross-lingual image captioning [C]//Proceedings of the AAAI Conference on Artificial Intelligence. AAAI, 2022: 10654-10662.

[111] GUO D, WANG Y, SONG P, et al. Recurrent relational memory network for unsupervised image captioning[C]//Proceedings of the International Joint Conference on Artificial Intelligence. Morgan Kaufmann, 2020: 920-926.

[112]BEN H, PAN Y, LI Y, et al. Unpaired image captioning with semantic-constrained self-learning[J]. IEEE Transactions on Multimedia, 2022, 24: 904-916.

[113] ZHOU Y, TAO W, ZHANG W. Triple sequence generative adversarial nets for unsupervised image captioning[C]//Proceedings of the IEEE International Conference on Acoustics, Speech and Signal Processing. IEEE, 2021: 7598-7602.

[114]MENG Z, YANG D, CAO X, et al. Object-centric unsupervised image captioning[C]// Proceedings of the European Conference on Computer Vision. Springer, 2022: 219-235.

[115]ZHU P, WANG X, LUO Y, et al. Unpaired image captioning by image-level weakly-supervised visual concept recognition[J]. IEEE Transactions on Multimedia, 2023, 25: 6702-6716.

[116]ZHU P, WANG X, ZHU L, et al. Prompt-based learning for unpaired image captioning [J]. IEEE Transactions on Multimedia, 2024, 26: 379-393.

[117]NUKRAI D, MOKADY R, GLOBERSON A. Text-only training for image captioning using noise-injected CLIP[C]//Proceedings of the Conference on Empirical Methods in Natural Language Processing. ACL, 2022: 4055-4063.

[118] WANG J, YAN M, ZHANG Y, et al. From association to generation: Text-only captioning by unsupervised cross-modal mapping[C]//Proceedings of the International Joint Conference on Artificial Intelligence. Morgan Kaufmann, 2023: 4326-4334.

[119] MA F, ZHOU Y, RAO F, et al. Text-only image captioning with multi-context data generation: 2305.18072[A]. 2023.

[120]LI W, ZHU L, WEN L, et al. Decap: Decoding CLIP latents for zero-shot captioning via text-only training [C]//Proceedings of the International Conference on Learning Representations. OpenReview. net, 2023: 1-18.

[121]WANG J, WANG W, HUANG Y, et al. M3: Multimodal memory modelling for video captioning[C]//Proceedings of the IEEE Conference on Computer Vision and Pattern Recognition. IEEE, 2018: 7512-7520.

［122］BIN Y, YANG Y, SHEN F, et al. Bidirectional long-short term memory for video description［C］//Proceedings of the ACM International Conference on Multimedia. ACM, 2016：436-440.

［123］LI L, ZHANG Y, TANG S, et al. Adaptive spatial location with balanced loss for video captioning［J］. IEEE Transactions on Circuits and Systems for Video Technology, 2022, 32(1)：17-30.

［124］PAN Y, YAO T, LI H, et al. Video captioning with transferred semantic attributes［C］//Proceedings of the IEEE Conference on Computer Vision and Pattern Recognition. IEEE, 2017：6504-6512.

［125］ZHENG Y, ZHANG Y, FENG R, et al. Stacked multimodal attention network for context-aware video captioning［J］. IEEE Transactions on Circuits and Systems for Video Technology, 2022, 32(1)：31-42.

［126］WANG L, LI H, QIU H, et al. Pos-trends dynamic-aware model for video caption［J］. IEEE Transactions on Circuits and Systems for Video Technology, 2022, 32 (7)： 4751-4764.

［127］TRAN D, BOURDEV L D, FERGUS R, et al. Learning spatiotemporal features with 3d convolutional networks ［C］//Proceedings of the IEEE International Conference on Computer Vision. IEEE, 2015：4489-4497.

［128］CARREIRA J, ZISSERMAN A. Quo vadis, action recognition? A new model and the kinetics dataset［C］//Proceedings of the IEEE Conference on Computer Vision and Pattern Recognition. IEEE, 2017：4724-4733.

［129］GUADARRAMA S, KRISHNAMOORTHY N, MALKARNENKAR G, et al. Youtube2text：Recognizing and describing arbitrary activities using semantic hierarchies and zero-shot recognition ［C］//Proceedings of the IEEE International Conference on Computer Vision. IEEE, 2013：2712-2719.

［130］XU J, MEI T, YAO T, et al. Msr-vtt：A large video description dataset for bridging video and language［C］//Proceedings of the IEEE Conference on Computer Vision and Pattern Recognition. IEEE, 2016：5288-5296.

［131］WANG X, WU J, CHEN J, et al. Vatex：A large-scale, high-quality multilingual dataset for video-and-language research［C］//Proceedings of the IEEE International Conference on Computer Vision. IEEE, 2019：4580-4590.

［132］PAPINENI K, ROUKOS S, WARD T, et al. Bleu：a method for automatic evaluation of machine translation ［C］//Proceedings of the Annual Meeting of the Association for

Computational Linguistics. ACL, 2002: 311-318.

[133] DENKOWSKI M, LAVIE A. Meteor universal: Language specific translation evaluation for any target language [C]//Proceedings of the Workshop on Statistical Machine Translation. 2014: 376-380.

[134] LIN C Y. Rouge: A package for automatic evaluation of summaries [C]//Text Summarization Branches Out. 2004: 74-81.

[135] VEDANTAM R, LAWRENCE ZITNICK C, PARIKH D. Cider: Consensus-based image description evaluation[C]//Proceedings of the IEEE Conference on Computer Vision and Pattern Recognition. IEEE, 2015: 4566-4575.

[136] CHEN X, FANG H, LIN T Y, et al. Microsoft coco captions: Data collection and evaluation server: 1504.00325[A]. 2015.

[137] DENG J, DONG W, SOCHER R, et al. Imagenet: A large-scale hierarchical image database[C]//Proceedings of the IEEE Conference on Computer Vision and Pattern Recognition. IEEE, 2009: 248-255.

[138] IOFFE S, SZEGEDY C. Batch normalization: Accelerating deep network training by reducing internal covariate shift [C]//Proceedings of the International Conference on Machine Learning. ACM, 2015: 448-456.

[139] KINGMA D P, BA J. Adam: A method for stochastic optimization[C]//Proceedings of the International Conference on Learning Representations. 2015: 1-15.

[140] SZEGEDY C, VANHOUCKE V, IOFFE S, et al. Rethinking the inception architecture for computer vision[C]//Proceedings of the IEEE Conference on Computer Vision and Pattern Recognition. IEEE, 2016: 2818-2826.

[141] SZEGEDY C, IOFFE S, VANHOUCKE V, et al. Inception-v4, inception-resnet and the impact of residual connections on learning[C]//Proceedings of the AAAI Conference on Artificial Intelligence. AAAI, 2017: 4278-4284.

[142] HE K, ZHANG X, REN S, et al. Deep residual learning for image recognition[C]//Proceedings of the IEEE Conference on Computer Vision and Pattern Recognition. IEEE, 2016: 770-778.

[143] SIMONYAN K, ZISSERMAN A. Very deep convolutional networks for large-scale image recognition [C]//Proceedings of the International Conference on Learning Representations. 2015: 1-14.

[144] WANG J, WANG W, HUANG Y, et al. Hierarchical memory modelling for video captioning[C]//Proceedings of the ACM International Conference on Multimedia. ACM,

2018: 63-71.

[145] CHEN Y, WANG S, ZHANG W, et al. Less is more: Picking informative frames for video captioning[C]//Proceedings of the European Conference on Computer Vision. Springer, 2018: 367-384.

[146] WANG B, MA L, ZHANG W, et al. Reconstruction network for video captioning[C]// Proceedings of the IEEE Conference on Computer Vision and Pattern Recognition. IEEE, 2018: 7622-7631.

[147] HU Y, CHEN Z, ZHA Z J, et al. Hierarchical global-local temporal modeling for video captioning[C]//Proceedings of the ACM International Conference on Multimedia. ACM, 2019: 774-783.

[148] ZHU Y, JIANG S. Attention-based densely connected lstm for video captioning[C]// Proceedings of the ACM International Conference on Multimedia. ACM, 2019: 802-810.

[149] LIU S, REN Z, YUAN J. Sibnet: Sibling convolutional encoder for video captioning [C]//Proceedings of the ACM International Conference on Multimedia. ACM, 2018: 1425-1434.

[150] YOUNG P, LAI A, HODOSH M, et al. From image descriptions to visual denotations: New similarity metrics for semantic inference over event descriptions[J]. Transactions of the Association for Computational Linguistics, 2014, 2: 67-78.

[151] WANG L, LI H, HU W, et al. What happens in crowd scenes: A new dataset about crowd scenes for image captioning[J]. IEEE Transactions on Multimedia, 2023, 25: 5400-5412.

[152] SIDOROV O, HU R, ROHRBACH M, et al. Textcaps: A dataset for image captioning with reading comprehension[C]//Proceedings of the European Conference on Computer Vision. Springer, 2020: 742-758.

[153] SUN K, XIAO B, LIU D, et al. Deep high-resolution representation learning for human pose estimation[C]//Proceedings of the IEEE Conference on Computer Vision and Pattern Recognition. IEEE, 2019: 5693-5703.

[154] LI Y, PAN Y, CHEN J, et al. X-modaler: A versatile and high-performance codebase for cross-modal analytics[C]//Proceedings of the ACM International Conference on Multimedia. ACM, 2021: 3799-3802.

[155] PAN Y, YAO T, LI Y, et al. X-linear attention networks for image captioning[C]// Proceedings of the IEEE Conference on Computer Vision and Pattern Recognition. IEEE, 2020: 10968-10977.

[156]ARMSTRONG J W, ELIOT T D. External conditioning factors in public behavior[J]. Social Forces, 1927, 5(4): 583-590.

[157]WANG L, LI H, ZHANG M, et al. Crowdcaption + + : Collective-guided crowd scenes captioning[J]. IEEE Transactions on Multimedia, 2024, 26: 4974-4986.

[158]LIU Z, LIN Y, CAO Y, et al. Swin transformer: Hierarchical vision transformer using shifted windows[C]//Proceedings of the IEEE International Conference on Computer Vision. IEEE, 2021: 9992-10002.

[159]CHENG B, XIAO B, WANG J, et al. Higherhrnet: Scale-aware representation learning for bottom-up human pose estimation[C]//Proceedings of the IEEE Conference on Computer Vision and Pattern Recognition. IEEE, 2020: 5385-5394.

[160]REZATOFIGHI H, TSOI N, GWAK J, et al. Generalized intersection over union: A metric and a loss for bounding box regression[C]//Proceedings of the IEEE Conference on Computer Vision and Pattern Recognition. IEEE, 2019: 658-666.

[161]ZHANG X, WANG Q, CHEN S, et al. Multi-scale cropping mechanism for remote sensing image captioning[C]//IEEE International Geoscience and Remote Sensing Symposium. IEEE, 2019: 10039-10042.

[162]MA X, ZHAO R, SHI Z. Multiscale methods for optical remote-sensing image captioning[J]. IEEE Geoscience and Remote Sensing Letters, 2021, 18(11): 2001-2005.

[163]LI Y, FANG S, JIAO L, et al. A multi-level attention model for remote sensing image captions[J]. Remote Sensing, 2020, 12(6): 939.

[164]MENG Y, GU Y, YE X, et al. Multi-view attention network for remote sensing image captioning[C]//IEEE International Geoscience and Remote Sensing Symposium. IEEE, 2021: 2349-2352.

[165]HUANG W, WANG Q, LI X. Denoising-based multiscale feature fusion for remote sensing image captioning[J]. IEEE Geoscience and Remote Sensing Letters, 2021, 18(3): 436-440.

[166]LI Y, ZHANG X, GU J, et al. Recurrent attention and semantic gate for remote sensing image captioning[J]. IEEE Transactions on Geoscience and Remote Sensing, 2022, 60: 1-16.

[167]KANDALA H, SAHA S, BANERJEE B, et al. Exploring transformer and multilabel classification for remote sensing image captioning[J]. IEEE Geoscience and Remote Sensing Letters, 2022, 19: 1-5.

[168]YE X, WANG S, GU Y, et al. A joint-training two-stage method for remote sensing

image captioning[J]. IEEE Transactions on Geoscience and Remote Sensing, 2022, 60: 1-16.

[169]CHENG Q, HUANG H, XU Y, et al. Nwpu-captions dataset and mlca-net for remote sensing image captioning[J]. IEEE Transactions on Geoscience and Remote Sensing, 2022, 60: 1-19.

[170]WANG L, QIU H, ZHANG M, et al. Multi-scale cropping mechanism for remote sensing image captioning[C]//IEEE International Geoscience and Remote Sensing Symposium. IEEE, 2024: 1-4.

[171]RADFORD A, KIM J W, HALLACY C, et al. Learning transferable visual models from natural language supervision[C]//Proceedings of the International Conference on Machine Learning. ACM, 2021: 8748-8763.

[172]LIU F, CHEN D, GUAN Z, et al. Remoteclip: A vision language foundation model for remote sensing[J]. IEEE Transactions on Geoscience and Remote Sensing, 2024, 62: 1-16.

[173] YANG Y, NEWSAM S D. Bag-of-visual-words and spatial extensions for land-use classification[C]//ACM SIGSPATIAL International Symposium on Advances in Geographic Information Systems. 2010: 270-279.

[174]LU X, WANG B, ZHENG X, et al. Exploring models and data for remote sensing image caption generation[J]. IEEE Transactions on Geoscience and Remote Sensing, 2018, 56 (4): 2183-2195.

[175]QU B, LI X, TAO D, et al. Deep semantic understanding of high resolution remote sensing image[C]//Proceedings of the International Conference on Computer, Information and Telecommunication Systems. 2016: 1-5.

[176] ANDERSON P, FERNANDO B, JOHNSON M, et al. Spice: Semantic propositional image caption evaluation[C]//Proceedings of the European Conference on Computer Vision. Springer, 2016: 382-398.

[177]ZHANG X, WANG X, TANG X, et al. Description generation for remote sensing images using attribute attention mechanism[J]. Remote Sensing, 2019, 11(6): 612.

[178]LU X, WANG B, ZHENG X. Sound active attention framework for remote sensing image captioning[J]. IEEE Transactions on Geoscience and Remote Sensing, 2020, 58(3): 1985-2000.

[179]LI X, ZHANG X, HUANG W, et al. Truncation cross entropy loss for remote sensing image captioning[J]. IEEE Transactions on Geoscience and Remote Sensing, 2021, 59

（6）：5246-5257.

[180] WANG Q, HUANG W, ZHANG X, et al. Word-sentence framework for remote sensing image captioning[J]. IEEE Transactions on Geoscience and Remote Sensing, 2021, 59 （12）：10532-10543.

[181] ZHANG Z, ZHANG W, YAN M, et al. Global visual feature and linguistic state guided attention for remote sensing image captioning[J]. IEEE Transactions on Geoscience and Remote Sensing, 2022, 60：1-16.

[182] HOXHA G, MELGANI F. A novel svm-based decoder for remote sensing image captioning[J]. IEEE Transactions on Geoscience and Remote Sensing, 2022, 60：1-14.

[183] ZHAO R, SHI Z, ZOU Z. High-resolution remote sensing image captioning based on structured attention[J]. IEEE Transactions on Geoscience and Remote Sensing, 2022, 60：1-14.

[184] LEE K, CHEN X, HUA G, et al. Stacked cross attention for image-text matching[C]// Proceedings of the European Conference on Computer Vision. Springer, 2018：212-228.

[185] REHMAN S, TU S, HUANG Y, et al. A benchmark dataset and learning high-level semantic embeddings of multimedia for cross-media retrieval[J]. IEEE Access, 2018, 6：67176-67188.

[186] WANG L, QIU H, QIU B, et al. Tridentcap：Image-fact-style trident semantic framework for stylized image captioning[J]. IEEE Transactions on Circuits and Systems for Video Technology, 2023：1-13.

[187] STOLCKE A. SRILM-an extensible language modeling toolkit [C]//International Conference on Spoken Language Processing. 2002：901-904.

[188] SU Y, LAN T, LIU Y, et al. Language models can see：Plugging visual controls in text generation：2205.02655[A]. 2022.

[189] WANG J, ZHANG Y, YAN M, et al. Zero-shot image captioning by anchor-augmented vision-language space alignment：2211.07275[A]. 2022.